物化历史系列

# 宫殿建筑史话

*A Brief History of*
*Palace Construction in China*

杨鸿勋 / 著

社会科学文献出版社
SOCIAL SCIENCES ACADEMIC PRESS (CHINA)

**图书在版编目（CIP）数据**

宫殿建筑史话/杨泓勋著．—北京：社会科学文献出版社，2012.5

（中国史话）

ISBN 978-7-5097-3076-8

Ⅰ．①宫…　Ⅱ．①杨…　Ⅲ．①宫殿-古建筑-建筑史-中国　Ⅳ．①TU-092

中国版本图书馆CIP数据核字（2011）第282400号

**“十二五”国家重点出版规划项目**

**中国史话·物化历史系列**

**宫殿建筑史话**

著　　者／杨鸿勋

出 版 人／谢寿光

出 版 者／社会科学文献出版社

地　　址／北京市西城区北三环中路甲29号院3号楼华龙大厦

邮政编码／100029

责任部门／人文分社（010）59367215

电子信箱／renwen@ssap.cn

责任编辑／高传杰

责任校对／宋淑洁

责任印制／岳　阳

总 经 销／社会科学文献出版社发行部

（010）59367081　59367089

读者服务／读者服务中心（010）59367028

印　　装／北京画中画印刷有限公司

开　　本／889mm×1194mm　1/32　印张／5.125

版　　次／2012年5月第1版　　字数／99千字

印　　次／2012年5月第1次印刷

书　　号／ISBN 978-7-5097-3076-8

定　　价／15.00元

# 总 序

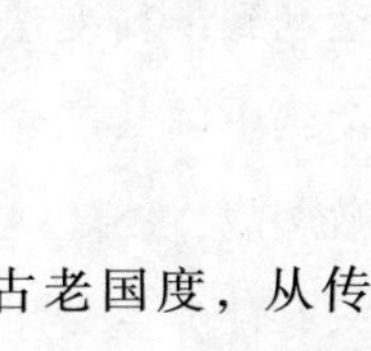

中国是一个有着悠久文化历史的古老国度，从传说中的三皇五帝到中华人民共和国的建立，生活在这片土地上的人们从来都没有停止过探寻、创造的脚步。长沙马王堆出土的轻若烟雾、薄如蝉翼的素纱衣向世人昭示着古人在丝绸纺织、制作方面所达到的高度；敦煌莫高窟近五百个洞窟中的两千多尊彩塑雕像和大量的彩绘壁画又向世人显示了古人在雕塑和绘画方面所取得的成绩；还有青铜器、唐三彩、园林建筑、宫殿建筑，以及书法、诗歌、茶道、中医等物质与非物质文化遗产，它们无不向世人展示了中华五千年文化的灿烂与辉煌，展示了中国这一古老国度的魅力与绚烂。这是一份宝贵的遗产，值得我们每一位炎黄子孙珍视。

历史不会永远眷顾任何一个民族或一个国家，当世界进入近代之时，曾经一千多年雄踞世界发展高峰的古老中国，从巅峰跌落。1840 年鸦片战争的炮声打破了清帝国“天朝上国”的迷梦，从此中国沦为被列强宰割的羔羊。一个个不平等条约的签订，不仅使中国大量的白银外流，更使中国的领土一步步被列强侵占，国库亏空，民不聊生。东方古国曾经拥有的辉煌，也随着西方列强坚船利炮的轰击而烟消云散，中国一步步堕入了半殖民地的深渊。不甘屈服的中国人民也由此开始了救国救民、富国图强的抗争之路。从洋务运动到维新变法，从太平天国到辛亥革命，从五四运动到中国共产党领导的新民主主义革命，中国人民屡败屡战，终于认识到了“只有社会主义才能救中国，只有社会主义才能发展中国”这一道理。中国共产党领导中国人民推倒三座大山，建立了新中国，从此饱受屈辱与蹂躏的中国人民站起来了。古老的中国焕发出新的生机与活力，摆脱了任人宰割与欺侮的历史，屹立于世界民族之林。每一位中华儿女应当了解中华民族数千年的文明史，也应当牢记鸦片战争以来一百多年民族屈辱的历史。

当我们步入全球化大潮的21世纪，信息技术革命迅猛发展，地区之间的交流壁垒被互联网之类的新兴交流工具所打破，世界的多元性展示在世人面前。世界上任何一个区域都不可避免地存在着两种以上文化的交汇与碰撞，但不可否认的是，近些年来，随着市场经济的大潮，西方文化扑面而来，有些人唯西方为时尚，把民族的传统丢在一边。大批年轻人甚至比西方人还热衷于圣诞节、情人节与洋快餐，对我国各民族的重大节日以及中国历史的基本知识却茫然无知，这是中华民族实现复兴大业中的重大忧患。

中国之所以为中国，中华民族之所以历数千年而不分离，根基就在于五千年来一脉相传的中华文明。如果丢弃了千百年来一脉相承的文化，任凭外来文化随意浸染，很难设想13亿中国人到哪里去寻找民族向心力和凝聚力。在推进社会主义现代化、实现民族复兴的伟大事业中，大力弘扬优秀的中华民族文化和民族精神，弘扬中华文化的爱国主义传统和民族自尊意识，在建设中国特色社会主义的进程中，构建具有中国特色的文化价值体系，光大中华民族的优秀传统文化是一件任重而道远的事业。

当前，我国进入了经济体制深刻变革、社会结构深刻变动、利益格局深刻调整、思想观念深刻变化的新的历史时期。面对新的历史任务和来自各方的新挑战，全党和全国人民都需要学习和把握社会主义核心价值体系，进一步形成全社会共同的理想信念和道德规范，打牢全党全国各族人民团结奋斗的思想道德基础，形成全民族奋发向上的精神力量，这是我们建设社会主义和谐社会的思想保证。中国社会科学院作为国家社会科学研究的机构，有责任为此作出贡献。我们在编写出版《中华文明史话》与《百年中国史话》的基础上，组织院内外各研究领域的专家，融合近年来的最新研究，编辑出版大型历史知识系列丛书——《中国史话》，其目的就在于为广大人民群众尤其是青少年提供一套较为完整、准确地介绍中国历史和传统文化的普及类系列丛书，从而使生活在信息时代的人们尤其是青少年能够了解自己祖先的历史，在东西南北文化的交流中由知己到知彼，善于取人之长补己之短，在中国与世界各国愈来愈深的文化交融中，保持自己的本色与特色，将中华民族自强不息、厚德载物的精神永远发扬下去。

《中国史话》系列丛书首批计200种，每种10万字左右，主要从政治、经济、文化、军事、哲学、艺术、科技、饮食、服饰、交通、建筑等各个方面介绍了从古至今数千年来中华文明发展和变迁的历史。这些历史不仅展现了中华五千年文化的辉煌，展现了先民的智慧与创造精神，而且展现了中国人民的不屈与抗争精神。我们衷心地希望这套普及历史知识的丛书对广大人民群众进一步了解中华民族的优秀文化传统，增强民族自尊心和自豪感发挥应有的作用，鼓舞广大人民群众特别是新一代的劳动者和建设者在建设中国特色社会主义的道路上不断阔步前进，为我们祖国美好的未来贡献更大的力量。

陈奎元

2011年4月

⊙杨鸿勋

## 作者小传

杨鸿勋，1931年生；1951年清华大学建筑学系毕业；任梁思成助手兼研究室秘书及园林研究组组长。1973年入中科院考古所，创立建筑考古学。曾任日本京都大学、台湾大学、台湾成功大学客座教授；现任中国建筑学会建筑史学分会理事长、中国科技史学会建筑史专业委员会主任委员、俄罗斯国家建筑遗产科学院院士、联合国教科文组织顾问。所著《建筑考古学论文集》于2001年被评为“20世纪最佳文博考古图书”第一名；《江南园林论》获第三名；此后出版的《宫殿考古通论》被我国台湾学界评为突破历来建筑史研究的“风格类型学”方法，将建筑史学研究达到动态史学的高度。

# 目录

# 引 言

自从人类历史上出现了国家，就出现了最高统治者。这些最高统治者最早是奴隶制王国的国君或者说是国王，后来就指的是封建帝国的皇帝。在奴隶制、封建制年代，最高统治者拥有一切：国土、所有的财富和臣民。他们的权力是至高无上的。那时科学不发达，人们很愚昧，面临威力无穷的大自然，人们无可奈何，惟有俯首听命。大自然可以微笑着赐给阳光、雨露，造福于万物，也可以发怒而驱使雷电野火，造成山崩地裂而降祸于人们。人们认为冥冥中一定有个主宰一切的天帝，人们十分惧怕他。你们不是怕上天吗？好了，国君和皇帝说：我就是上天的儿子——天子！是代表皇天上帝来治理这个世界的，你们都应该听命于我。而那些辅佐皇帝的人又制订礼法来说明这个道理，并说明如何体现统治者的尊贵。他们说，“天，至尊也”；“君，至尊也”。那么用什么来体现“至尊”的无上权威呢？当然统治者的服饰要与众不同，还要用车马仪仗体现他的威严，最最重要的还是他的驻地——他执行权威的地方、他生活起居的住处，要大大地与众不同，这就是宫殿、宫城。关于宫殿的作用，汉高祖刘邦的开国重臣萧何曾说过：“天子以四海为家，非壮丽无以重威”——宫殿必须金碧辉煌、无比的壮观华丽，这才像天子住的地方，才能具有威慑力量，使老百姓看了害怕，使他们觉得自己渺小，对国君只能绝对服从。

建筑是重要的社会历史现象，俗话说：“衣、食、住是生活三要素”，衣、食、住的生产是“直接生活的生产”，是“历史的决定性因素”。其中“住”的生产——建筑，也就是人类生存环境的建设尤其重要。特别是集中社会财富、智慧与技能而建造的最高级的建筑——宫殿，更是那个时代的思想意识、文化艺术以及生产水平和工程技术的集中反映。所以说奴隶制王国和封建帝国最高统治者“天子”的尊贵地位，首先要表现在宫殿建筑上。《礼记》说：“礼：有以多为贵，有以太（大）为贵，有以高为贵，有以文（纹）为贵。”意思就是说：多就是贵，大就是贵，高就是贵，装饰华丽就是贵。宫殿集中体现了“多”、“大”、“高”、“纹”：用许多单体建筑组成庞大的宫城建筑群；城墙高垒，庭院深深，门禁重重；大体量、大空间的宏伟殿堂，并施以华丽的装饰。至尊至贵的国王和皇帝，拥有很多、很大、很高和很华丽的建筑——至尊至贵的宫殿，这就满足了他们的物质享受，也满足了占有欲望的心理需求，同时体现了当时的物质与精神文明和等级秩序。对建筑本身来说，则又集中体现了当时建筑技术与艺术的成就，可以说宫殿是最有代表性的建筑。宫殿建筑是王权或皇权的象征，不论对哪个国家来说，宫殿都是一种特殊的建筑。它的建造，集中了民间建筑的经验，同时赋予宫廷化的严谨格律，集中体现古代宗法观念、礼制秩序及文化传统的大成，没有任何一种建筑可以比它更能说明当时社会的主导思想、历史和传统。外国有句名言：“建筑是本石头的书。”当产生它的社会已成为过去后，它被遗留下来述说历史。所以说宫殿建筑比较能反映当时社会的本质，通过对宫殿建筑历史的了解，可以生动地了解古代社会的主导思想意识和形态的一个侧面。

# 一　宫殿的雏形——原始氏族“大房子”的蜕变

原始氏族社会的晚期，耜耕农业已经比较发达，男性劳动力在农业经济等生产部门中占据主要地位，从而促进了母系氏族向父系的转化。先是氏族公社内部所形成的“小氏族”或者说“家族”普遍发展起来，并成为生产单位。家族的产品不断增加、财产不断积累，这对于氏族来说是私有的。氏族的公有制原则被破坏，氏族实际上只剩下躯壳。一个氏族之内的若干家族之间，由于人口结构不同、劳力和消费多寡不一、劳动技能也有差别，所以就出现了贫富不均的不平等现象。男性经济地位的提高，使其取得家族财产的支配权，最后促成家族的解体，完成了向父系家庭的过渡。一夫一妻制的父系家庭可以确认子嗣，更加强了私有观念，加剧了各家庭之间的贫富分化。恩格斯在《家庭、私有制和国家的起源》一书中，阐述氏族解体时写道：“最卑下的利益——庸俗的贪欲、粗暴的情欲、卑下的物欲、对公共财产的自私自利的掠夺——揭开了新的、文明的阶级社会；最卑鄙的手段——偷窃、暴力、欺诈、背信——毁坏了古老的没有阶级的氏族制度，把它引向崩溃。”以血缘纽带联系起来的氏族公社终于演变成了阶级的国家。原来推选出来组织生产、主持分配及对外氏族交换的首领，这时已开始向拥有特权的统治者、剥削者转化。少数人坐享其成，大部分人沦为被奴役的地位。前者为统治阶级，后者为被统治阶级。随着阶级的形成和阶级矛盾的激化，建筑也开始走向两极分化——一方面已有相当水准的氏族公社成员的住房倒退为广大奴隶、平民聊以栖身的更为原始的穴居、半穴居或地面窝棚；另一方面，在奴隶劳动的基础上，原始地面建筑向高大、繁复和华丽发展，进而作为奴隶主、贵族的宫殿。具体地说，开始是氏族“大房子”被业已质变的氏族首领所占用并视为私有财产和阶级统治的工具，从而形成了宫殿的雏形。

## 氏族盛期的“大房子”——半坡 F1

原始社会晚期，母系氏族公社繁荣阶段的聚落中心广场附近都建有体量比较大的房屋，考古学把它叫做“大房子”。在黄河中上游流域，已发现的典型实例是西安半坡仰韶文化遗址 F1。“大房子”为一般住房所环绕，有的聚落遗迹中发现一座（如半坡），有的发现数座（如姜寨）。“大房子”遗址在国外也有发现（如乌克兰特里波列文化的科罗米辛纳遗址），这是氏族公社时期一种最早出现的公共建筑。在中国，目前已知的遗址除西安附近的半坡、姜寨外，河南洛阳王湾、陕西华县泉护村、陕西西乡李家村等处也都发现有残缺较甚的“大房子”遗址。恩格斯引用南美洲易洛魁人氏族社会材料论述氏族公社时指出：“不会有贫穷困苦的人，因为共产制的家庭经济和氏族都知道对于老人、病人和残废者所负的义务”（《家庭·私有制和国家的起源》）。拉法格记述近代还处于氏族社会的民族时说：“野蛮人的已婚妇女都有自己的特殊房间，设在中央走廊里，男人和青年人、未婚的妇女和少年都睡在隔开的公共大厅内”（《财产及其起源》）。我国保持母系氏族残余的纳西族住宅，除去保持婚姻生活的妇女有专门的对偶“客房”之外，其余老人、男女少年和儿童都是和“外祖母”同住在一座公共性的大房子里。根据这些民族学的材料可以推知，原始氏族时期的“大房子”正是体现这一团结互助的原则，除了氏族首领居住外，同样也是丧失生产能力的和不能独立生活的社会被抚养人口，诸如老人、少年、儿童以及病、残成员的集体宿舍。这些人集中居住，便于照顾。同时，由于这里居住着最受尊敬的氏族首领及老年人，而且建筑空间较大，所以它又是氏族集会议事和举行仪式的场所。因此“大房子”成为公社最重要的建筑物。它的建造需要动员全公社的人力、物力。它不仅建筑规模大，而且在工程质量上也是全公社最好的。

半坡“大房子”坐落在聚落的中心广场西侧，入口东向广场。平面东西 10.5 米、南北 10.8 米；墙厚

0.9~1.3米、高约0.5米；门宽1米。进门是一个大空间，中央有双联大火塘，后部有三个小空间，初具一堂三室的格局。前部为会议厅兼礼堂，后部为卧室，这种前部厅堂、后部卧室的布局，是目前所知最早的一个“前堂后室”的实例（见图1）。

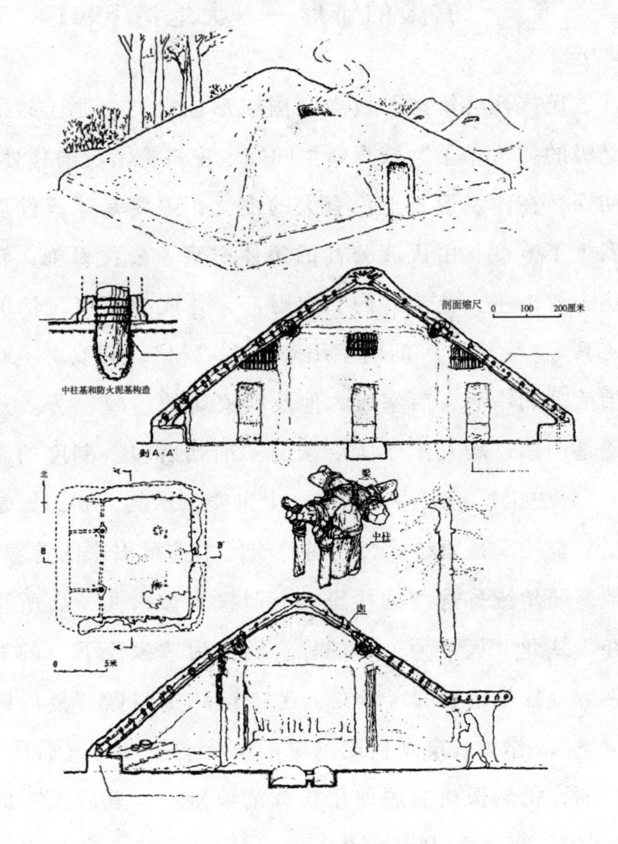


**图1　半坡F1复原**

“大房子”的出现，使原始聚落的建筑群形成了一个核心，它反映着团结向心的氏族公社的原则。当原始公社解体、奴隶制确立之初，氏族社会所留下的建筑遗产中，最高水准的“大房子”必然被已蜕变为奴隶主的首领所占用，使之发生质的变化，从而出现了历史上最古老的统治阶级的宫殿。

## 2 宫殿的雏形——大地湾 F901

氏族社会解体、奴隶制国家形成之初，原氏族最高级的“大房子”成为新生的奴隶主、统治者的住处。初期，在建筑形式上没有大的变化，主要是建筑性质发生了改变：由氏族公社的集体财富、公益设施，转化为奴隶主、统治者的私有财产，并成为阶级统治的工具。“大房子”的前堂用来作为“朝”，即奴隶主政治活动的中心；后室成为他及其家属的“寝”处。这便是中国宫殿几千年所沿袭的“前朝后寝”制度的雏形。《史记》记载中国的第一个世袭传承的王朝国家是夏。夏王禹是原始社会晚期氏族民主选举出来的首领，他遵照传统推选益为接班人，但权力被禹儿子启所篡夺，从此“天下为公”的社会转变为“家天下”的王朝。夏代统治者的宫殿在《考工记》中叫做“夏后氏世室”。作为奴隶制初期国家的统治者——“夏后氏”一词，仍然保持着脱胎于氏族的痕迹。“夏后氏”的“世室”基本形制是前堂后室，即“前朝后寝”寓于一栋建筑之中，显然是脱胎于氏族社会的“大房子”。有趣的是，名称不谋而合：“世”就是大，“世室”就是“大房子”。

夏代距今大约4000年，当时不止一个夏王朝国家，是所谓“夏有万邦”、“执玉帛者万国”，只是夏位居中原就是了。实际上早在距今5000年前后，原始文化发达地区的氏族公社即纷纷解体，而向阶级国家过渡。近些年考古发现不少这一时期的古城、古国遗址。最近在黄河流域的鲁西（山东西部），一次就发现了8座4000多年前的龙山文化古城遗址。北方辽河流域是原始文化发达地区之一，辽宁省凌源县牛河梁红山文化“坛、庙、冢”的发现，便是又一重要线索。在西北地区，发现了与此时代相近、发达程度相当的甘肃省秦安县大地湾类似坞壁的国家雏形遗址。在其建筑群中心部位的一座特殊建筑遗址F901，显示出宫殿的雏形。它比“夏后氏世室”更原始，大约是半坡F1一类氏族“大房子”向宫殿转化的初始的、过渡的形态。

大地湾F901遗址，位于大地湾河岸阶地上类似“坞壁”聚落遗址的中部，现状地势高出河床80米。遗址反映这是一座多空间的复合体建筑，主体为一梯形平面的大室，遗迹清晰可辨（见图2）。前墙长16.7米，后墙长15.2米，左墙长7.84米，右墙长8.36米。主室前面有三门，各宽约1.2米左右，中门有凸出的门斗，室内居中设直径2.6米的大火塘，左右接近后墙各有一大柱遗迹，形成轴对称格局。主室左右各有侧室残迹；前部有与室等宽的三列柱迹，表明前部连接敞棚。整组建筑纵轴北偏东30°，即面向西南，这正是古人推崇的戾位。这一建筑遗址反映了如下特点：

图 2　秦安大地湾 F901 复原图

(1) 位于聚落总体的中心部位。(2) 为已知全聚落中体量最大的建筑，采用庄重的对称格局，大室中门设外凸的门斗，特别强调了中轴线。(3) 主室大空间南向开三门，总开启宽度约 3.5 米，加强了它的开放性以及和前部敞棚的连贯性，显示出主室是“堂”的性质。(4) 主室前部联结的开放的敞棚，正是所谓前轩。“堂”前设“轩”这一格局，大有“天子临轩”的味道。(5) 堂的正面并列三门沟通前轩，反映实用上的群众性和礼仪性，显然它不是一般居室性质，而是一座具有重要功能的建筑物。(6) 堂的后部有室，构成明确的“前堂后室”；左右各有侧室，即“夏后氏世室”具备的“旁”、“夹”。(7) 堂内伴出收装粮食的陶抄（与当地现今所用的木抄形制相同）及营建抄平用的陶制“平水”（原始水平仪）等，都应是部族公用性器具。它们结合建筑形制，可以进一步表明这里大约是最高治理机构的所在。(8) 就建筑学而言，这座建筑显出了数据概念和构成意识：堂的长宽比为

2∶1；两中柱各居中轴一侧方形面积的中轴上；前后檐承重柱数目相同（但不对位）。（9）就结构学而言，以木构为骨干的土木混合结构类似仰韶文化“墙倒屋不塌”的构架体系，但与半坡类型（以F24、F25为代表）不同，其围护结构不在承重柱轴线上，而在外侧。综合以上几项特点，可以推测F901为当时部落——雏形国家社会治理的中心机构，也是部落首领的寓所。前部堂、轩用于办事、聚会或典礼；后室及旁、夹用于首领及其家属的生活起居。F901正是夏代统治者“世室”一类建筑的前身。“世室”这一复合体的“大房子”，使我们联想起古史传说中的“黄帝合宫”。“宫”的原始涵义是在墙头上起屋盖的建筑形式，它比在地上起屋盖的半穴居要高耸，所以叫做gong——“穹”的古音，象形字画作 图形。“合宫”就是“宫”型建筑的复合体。F901从形式上讲是“前堂后室”，从功能上讲，是“前朝后寝”。F901——“合宫”奠定了中国宫殿制度的基本格局；上溯其源，它正与仰韶文化半坡遗址所见的比较简单的“前堂后室”的“大房子”一脉相承，并进一步完善和发展成为“夏后氏世室”。

## 二　原始宫殿——二里头F1是“夏后氏世室”吗？

河南省偃师市二里头村所发现的大遗址，文化内涵相当丰富，除大型建筑遗址外，还发现一般小型住房、窖穴、墓葬、水井，制陶、铸铜以及骨、石制品的手工业作坊等遗址。结合古史传说的地望判断，这里应是夏国都的所在。但是现在还没有发现城墙遗迹，附近有两个村子的名称特别值得注意：一个是“古城村”，一个是“城东村”，大约从前这一带地面上曾有过城墙遗迹。期望在不久的将来，田野考古会有所发现。到底这里是不是夏都，建筑遗址似乎作出了回答：已知商代遗址，诸如郑州商城和偃师“尸乡”商城，所有的建筑和城池的方位都是北偏东7°左右，即朝向西南方。二里头所发现的建筑遗址，全部是北偏西7°左右，即朝向东南方。这一差别是非常重要的现象，它说明二里头遗址是与商代遗址不同的另一种文化，它应该就是夏文化。夏人与商人建筑房屋时，主要建筑都是坐北朝南，以求得最好的日照，但决定南向方位的方法不同。夏人按自己的天文历法观念，大约是以夜间北极星为准来决定方向，商人则是利用白天的日照光影来决定方向的，所以夏代建筑南北中轴线比现在的磁北略偏西，商代略偏东。由此推测二里头应该就是夏都遗址。有的学者认为它并不是夏禹建国之初的都城，而是夏建国100多年之后“少康中兴”时的都城遗址。

二里头F1遗址表明它是一个完整的建筑单位。全组建筑是由一周廊庑环绕成大约100米见方而缺东北一角、略成L形的一个庭院，庭院后部中轴上有一座大形殿堂，庭院前廊中间有大门。全组的基址是经过普遍垫土夯筑而成的，也可以说整组建筑是建造在一个低矮而广大的土台之上的（见图3）。现在虽然台面已经损失，但土台尚保存当时地面以上的一部分，而且残留大部分柱洞、柱础，可以辨认出建筑布局和间架规模。在殿堂柱洞内外，还存有少许木炭和经过焚烧的泥皮碎屑，证明这组建筑是毁于火的。

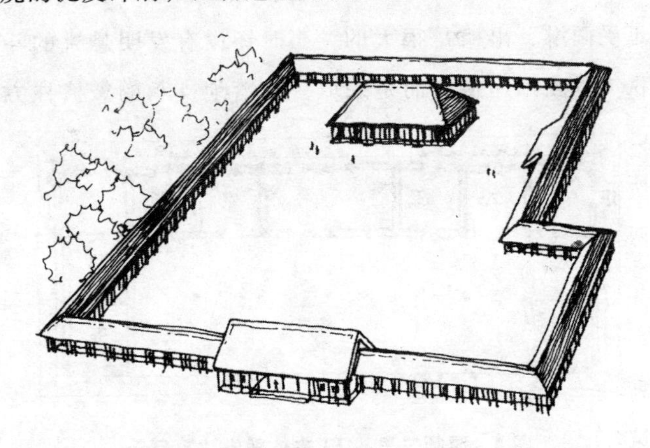

**图3　偃师二里头F1复原示意图**

对照古籍和时代相近的考古材料进行复原，发现庭院中的主体殿堂与《考工记》中关于“夏后氏世室”的记载正相符合（见图4）。主体殿堂的东西长30.4米、南北宽11.4米，形成面阔八间、进深三间的柱网。正好与《考工记》所载“夏后氏世室”的平面分隔相适应：前堂后室；“堂三之二”——“堂”占两间进深，“室三之一”——“室”占一间进深；“堂”后相对五个“室”；“堂”东、西各有两个“旁”；“室”与东、西“旁”之间，各有一个“夹”，是谓“五室、四旁、两夹”。中国早期宫殿是把中间一排柱子摆在中轴线上，所以形成偶数开间；登堂的台阶也是中轴对称的两个。文献所记夏代的“世室”为“九阶”，除正面两个台阶之外，对着五室的后门还有五个台阶，两夹对外两门处还有两个侧阶。这座30米长的大房子，有一个高大的用“人”字木屋架做成的茅草屋顶，为了保护夯土台基和栽立在土台上的檐柱不受雨淋，出檐是很大的。当时还没有发明悬挑的斗栱支承支撑屋檐，而是采取一种落地支承的擎檐柱方

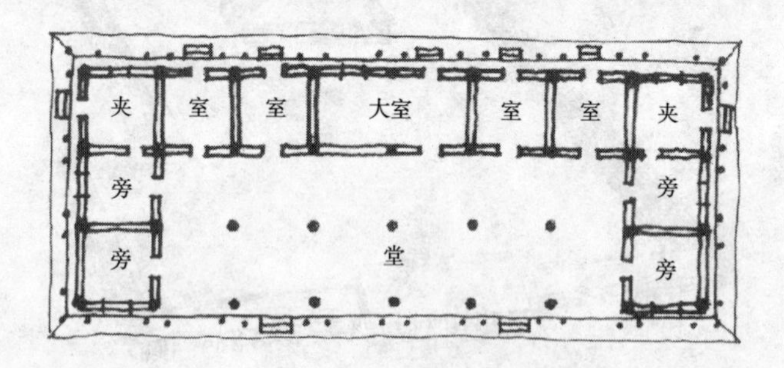


**图4　偃师二里头F1主体殿堂“夏后氏世室”复原平面图**

式。夏代初期宫殿的墙体还是采用原始的木骨泥墙，大约到中、晚期，宫殿的承重墙才改进为木骨版筑墙了。

二里头 F1 宫殿外围设有防御性的廊庑，以防范被统治者。廊庑西侧为单廊，其余都是内外两面的复廊。东廊北段联结有厨房，这被后世沿袭成为“东厨”的制度。东北角，朝东和朝北各有一个后门。奴隶制时代的王后也是有职权的，“王主朝，后主市”——王主持朝政，后主持市场贸易（这大约是氏族时期妇女主持分配的遗风）。按都城规划布局，王宫前面是朝廷机构，后面是市场。为了王后由王宫到后面的市场往返方便，所以在这里开有后门。一直到奴隶制后期，继承这一传统，也把它制度化了，把这东北角的小门叫做“闱”，解释为供妇人出入使用。

殿堂前有较大的庭院广场，夜里点燃篝火照明，通宵达旦，这就是《诗经》所说的“庭燎”。黎明时庭燎熄灭，便开始上朝，群臣们集合在广场上，面向殿堂中的国王朝拜，报告政务和接受国王的命令。这种封闭庭院的朝廷布局，一直被沿袭下来，直到封建帝国的末期——清朝，例如北京紫禁城太和殿前的庭院广场。

这座宫殿的南廊庑中间为穿堂式大门，带有文献所记的东、西“塾”，也就是门道两侧有门房。东、西塾又各分为内、外塾。这种形式的宫门，一直沿用了三千多年，直到晚清。

## 三 “宗”、“庙”一体建筑——二里头 F2

二里头 F2 遗址在二里头大遗址的中部，其西南 150 米处为“夏后氏世室”F1。科学复原 F2 遗址为我们提供了中国建筑史上的一座统治者陵墓与宗庙合一的建筑实例。民族学材料反映，原始氏族时期的墓葬上没有坟头，而是建一个棚子作为标志，同时又是祭祀用的遮阴蔽雨的祭坛。一年或几年之后，就不再设置了。这种在墓上建起的遮阴蔽雨的祭祀建筑，殷商甲骨文叫做“宗”，象形文字画成屋盖下放置祭品的图形。古代人相信灵魂不死，死后有知，所以“事死如事生”，即像对待活人一样对待已死的先人。因此又创造了一种专门供先人灵魂居住的建筑——“庙”。后来发展了，“庙”中设有代表先人的神主（牌位）或塑像、画像之类。因此古辞书解释：“庙，先祖貌也。”

氏族社会向国家过渡时期的牛河梁红山文化遗址，提供了大约 5000 年前古史传说时代黄帝部族首领的石砌陵墓实例。这种被称为“积石冢”的陵墓，呈或方或圆的阶梯形坛状，上面有建筑残迹，大约就是“宗”

的性质。进一步发展为阶级的国家——夏代，统治者陵墓上推测还是建“宗”的，同时已创造了“庙”。二里头 F2 的发掘和复原成果，使我们了解到当时还有一种“宗”和“庙”结合成一体的纪念性、礼仪性的建筑。二里头 F2 是一组类似当时宫殿的建筑组合体，它包括穿堂式大门、廊庑、主体殿堂和墓葬设置。总体为长方形，占地范围东西 57.5～58 米，南北约 72.8 米，建筑方位朝南略偏东 6°（见图 5）。大门在南庑中间偏东处，在通过门道的南北中轴线上，临近北墙有

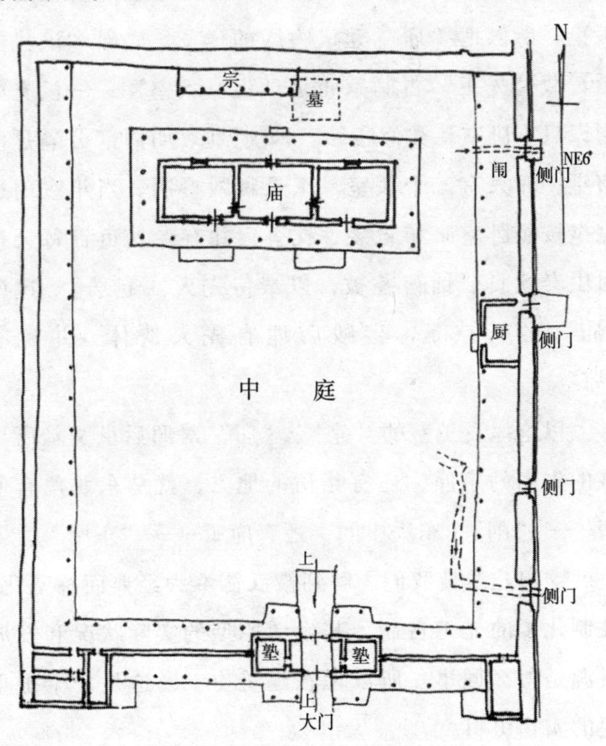


**图 5　偃师二里头 F2 复原平面图**
**——夏都宗、庙一体建筑**

一座大墓，地面平整没有痕迹；北墙下有五间祭祀使用的带顶的祭坛——“宗”，它就是享堂的雏形。在庭院中轴线上的后部、大墓的前边建主体殿堂。殿堂台基东西长 32.7 米左右，南北宽 12 米多。台基上一列三室，周围有檐廊环绕。台基南面有东、西两个台阶，和 F1 一样，是后世推崇的“两阶”古制。三室南面各有门出入；东、西二室各有门与中室相通；中室有后门，东、西二室应有后窗。

当时为了使先人灵魂仍然住在类似生前所住的寝殿里，所以把“庙”建成寝殿的样子。先秦和汉代文献记载“先王”古制宗庙是“但有大室”——没有朝堂，只有卧室，类似寝殿。F2 遗址表明内部分隔是没有堂，而只有三个大室，正是寝殿形制。当年室内还完全按照卧室来布置衾、枕等，并有专人负责每天按时供奉饮食、铺褥叠被，以奉侍先人“起居”。这座“庙”的特点是，寝殿后埋有先人遗体，并建有“宗”。

以这座夏王室的“宗”、“庙”对照后世文献所记载的先王的宗庙，还有相仿的地方，就是东北角有便门——“闱”；东庑中间，还有庖厨——“东厨”。

这组建筑使我们了解到被汉儒奉为经典而神圣化、礼制化了的先王古制，其生活原型的实际状况和发展流源是怎么回事。所以说在建筑史上，这是一个很重要的实物史料。

F2 在建筑形制上还有两点值得一提，就是：大门为便于行车，而降低了门道台基，即门道低于东、西塾，形成宋《营造法式》所谓“断砌造”的雏形。再一点是：廊庑的东南、西南两转角处，出现了角楼的萌芽。

在原始社会晚期所形成的建筑艺术，进入文明时代的国家——夏，首先在宫殿上得到强化。不但体量、空间向高大发展，而且增加装饰美化。二里头遗址已发现柱上的红、黑彩绘遗迹，证明当时的木构件上有色彩装饰。

夏代在工程技术方面较原始社会有很大发展，土结构的夯筑技术由于普遍筑城而迅速提高，在宫殿中也被广泛应用。每一组宫殿都是建在很深厚的夯土基座之上的，它预示着未来夯土高台的出现。在原始木骨泥墙的基础上，这时创造出木骨版筑墙。由于它满足了高大宫殿的稳定承重的要求，所以一直被殷商宫殿所采用。二里头遗址发现排水管道，这是目前所知最早的卫生工程设施。陶水管每节长 42 厘米，一端稍粗，直径 14.4 厘米，另一端稍细，直径 13.5 厘米，作承插衔接（见图 6）。看来，它已经历了一段发展过程，陶管的发明还要早一些。

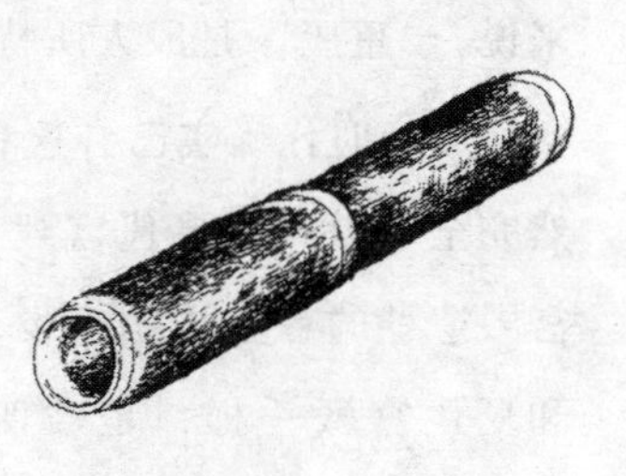

**图 6　偃师二里头遗址宫殿区出土的陶水管**

# 四 商王宫殿——至尊的“四阿重屋”

二里头夏代宫殿遗址的台基周围擎檐柱迹，证明殿堂屋盖是四面坡的所谓“四阿”形式。但是否为两层屋檐的所谓“重屋”，目前还不清楚。《考工记》强调商王主要宫殿的特征时说：“殷人重屋”（商代后来迁都到“殷”，所以商代也称为“殷”或“殷商”），即殷商宫殿是两重屋檐的形式。这就意味着对于前代来说，“重屋”是殷人所特有的。当时的象形文字[illegible]证实，殷商时代确实已有这种屋盖。“殷因于夏礼”，自然完全可以因袭夏代宫殿建筑的一些成就。殷商许多宫殿遗址的台基周围都发现擎檐柱遗迹，证明屋盖都和夏代宫殿一样，是“四阿”形式。自从殷商采用“四阿重屋”——四面坡、两重檐的屋盖，作为宫廷主体殿堂的冠冕以来，它便被奉为至尊式样，为历代统治者所沿用，一直到封建社会的末期——清朝。不仅商王宫殿是这样，有材料说明商代所属的方国统治者诸侯的宫殿也是这样的。偃师“尸乡”商城中的宫殿遗址、河南省安阳市小屯殷墟宫殿遗址以及湖北省黄陂区盘龙城方国宫殿遗址都提供了具体的例证。这些宫殿遗址都没有屋瓦残留，也没有泥背遗迹，正是文献所记载的“茅茨”屋面，而茅草都早已腐朽无存了。四川省成都市十二桥殷商遗址，保存了大量木构件，同时也幸存了茅草屋面的残迹，提供了“茅茨”的直接证据。殷商宫殿残留的夯土台基都没有包砌砖、石，陕西省岐山县凤雏村先周时期（相当于殷晚期）的甲组遗址，夯土台基保存有掺沙三合土面层，这应是商代宫殿夯土台基表面加固的一般做法。遗址完全证明了殷商宫殿和夏代一样，仍然是“茅茨土阶”。文献记载“堂崇三尺”，也就是说殿堂台基的高度是 3 尺，折合现在的公制约为 70 厘米。这可根据“尸乡”商城的宫殿 D4 遗迹推算得到证实。

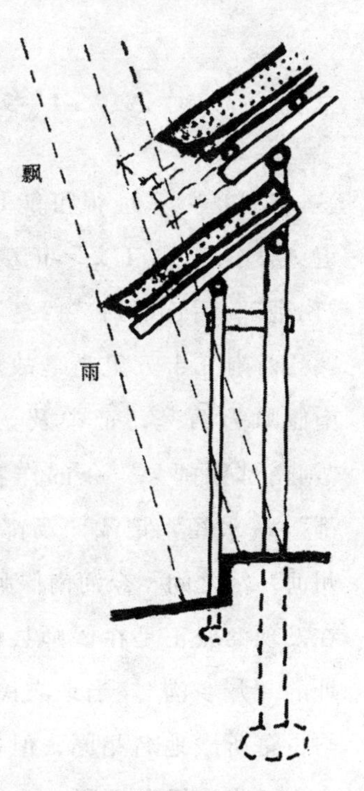


图 7　出檐深度、檐口高度与保护面的关系示意

高大的殿堂，需要加大出檐来保护夯土台基和檐柱、土墙免遭雨淋损坏。出檐的深度与防雨、防晒的保护面成正比；檐口的高度与保护面成反比（见图 7）。对于高大的殿堂来说，出檐必须相应增加才能起到保护作用。出檐加大，即顺屋面

坡度延伸檐部，使之达到有效程度，这对于早期直坡屋盖来说，檐部有过于低矮的缺点。这样既有碍于夏季通风和冬季日照；在体形上，又显得屋盖过大、屋身过小，有损于高耸的效果。看来，只有降低檐部才能达到保护的要求。也就是说，殷商时代这些擎檐柱所支承的是低于屋盖的一周披檐，即形成《考工记》所谓的“重屋”。商代初期的宫殿，继承夏代木骨版筑墙的做法；大约在中、晚期，变革为附加壁柱的版筑墙。

## 1 尸乡商城的宫殿

“尸乡”城址很可能是商汤故都“西亳”。《史记·殷本纪》“正义”记载：商代汤王在建国之初定都“南亳”，后迁都到“西亳”。《括地志》说：“宋州谷熟县西南三十五里南亳故城，即南亳，汤都也……河南偃师为西亳，帝喾及汤所都。”《汉书·地理志》“河南郡偃师县”条的作者班固自注“尸乡，殷汤所都”；《水经》记载“汤都也，亳都帝喾之墟，在禹豫州河、洛之间，今河南偃师城西二十里尸乡亭也”。现在发现商城正是在偃师县西，而且有一条东西横贯城址的“尸乡沟”。当地农民父老相传沟名“尸乡”，正与古籍所载地名相同，但他们不知道是哪两个字。据说，近代沟里发现了一个墓地的石羊，当地有人谐方言音韵，讹称为“石羊沟”。现在沟已埋没不见了，考古工作者已探查出沟的位置。文献记载与遗址情况正相符合，大概可以认为“尸乡”商城便是“西亳”。近年来，考古已经查明城址范围和城内的一部分宫殿遗址（见图8）。这些宫殿一组组都是由宫墙围起来的，实际上是都城里的一座座原始“宫城”。在城的南部有



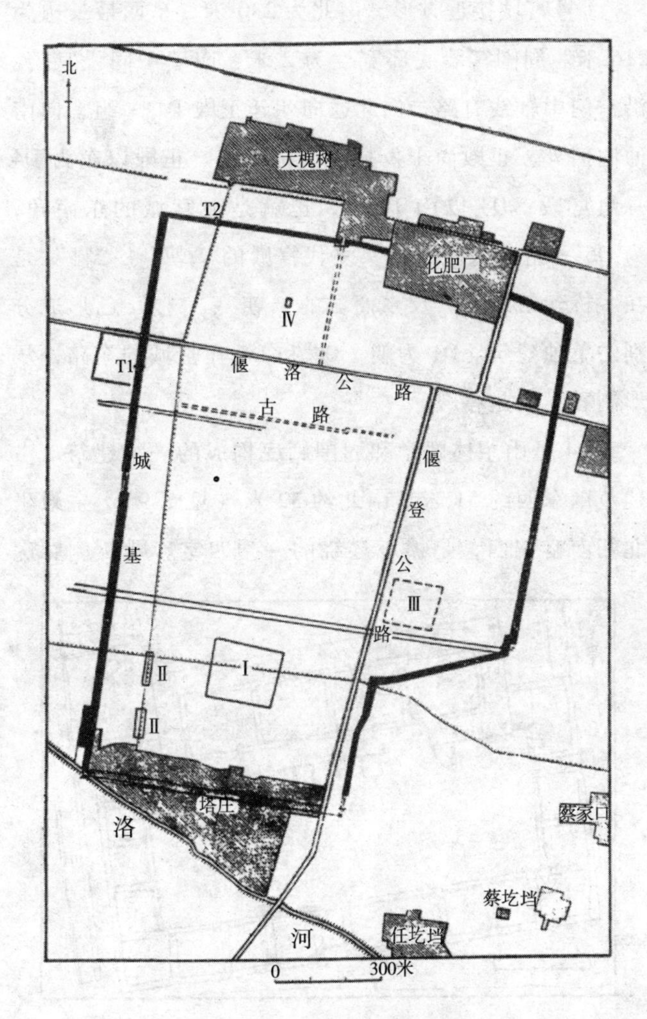


图8　偃师尸乡商城实测图

三座宫城，其中 I 号宫城最大。它位居城南中央部位，显然是最主要的宫殿。这个宫城中的两组宫殿已经发掘，经过科学复原，我们可以一睹商代宫殿的风采。

I 号宫城的宫殿——D5 和 D4。

I 号宫城接近方形，南北为 230 米，东西最长边为 216 米。周围宫墙底部宽度为 2 米，南墙中间设宫门。沿宫门中轴线有路，向北通向朝廷正殿 D1 一组，向南通向门外。正殿尚未发掘，情况不明。正殿以东为 D4 一组宫殿；D4 以南 10 米，也就是在宫城的东南角，为 D5 一组宫殿。二里头夏代宫殿的“朝”、“寝”是在一栋建筑之中，尸乡商城的“朝”、“寝”已形成分别的单独建筑。D1 为朝，D4 和 D5 在宫城的东路，从形制看大约是寝殿。

D4 是由主体殿堂和周围廊庑构成的一组建筑，占地范围东西约 51 米、南北约 32 米（见图 9）。主殿坐北朝南略偏西，是檐廊环绕的一列四室。殿两侧廊庑

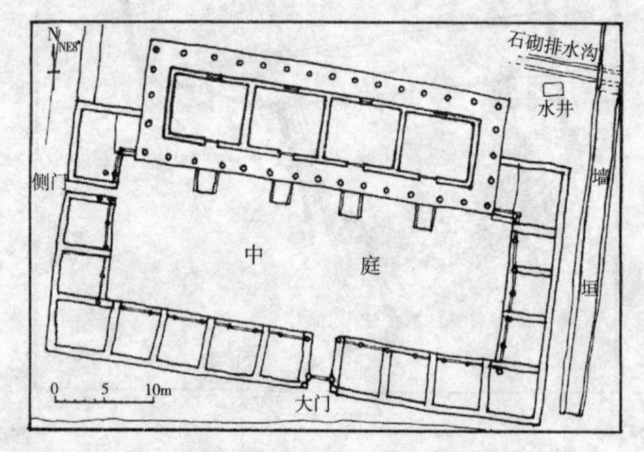


**图 9 偃师尸乡商城 D4 宫殿复原平面图**

南折，形成东西狭长的庭院。南庑中间略偏东为正门。主殿台基东西长约 36.5 米，南北宽约 11.8 米；南部相对四室的门，有四个台阶。廊庑台基宽度为 5.1 ~ 5.4 米。西庑有侧门，通向中路主体殿堂 D1 一组。

D4 主殿不是厅堂，而是并列四室，表明是寝殿的性质。《考工记》描述周代宫廷是“内有九室，九嫔居之；外有九室，九卿朝焉”。孔子说：“周因于殷礼”，大约殷商时代就已有了这样的规制，这里内宫所见为四室，或许是四嫔居之？不管怎样，从建筑形制判断，这些房间的性质是卧室——“寝”，大概是不成问题的。

D5 上层遗址是后来改建的，基本形制与 D4 相仿，只是比 D4 规模要大很多，而且有正规的大门。D5 一组总占地宽度为 107 米，比 D4 宽一倍（见图 10）。

北面主殿台基东西长约 54 米，南北宽 14.6 米。前

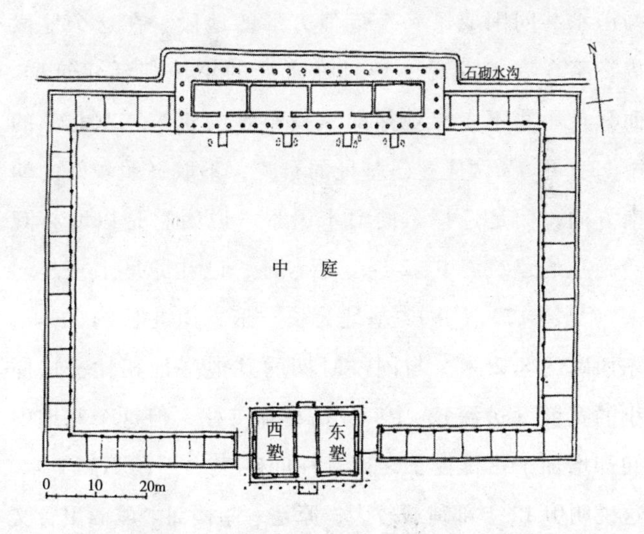


**图 10 偃师尸乡商城 D5 宫殿复原平面图**

面台阶旁埋有狗牲来“守卫”，从埋狗的位置看，大约是四个台阶。台基上可能是并列四个大室，推测大概是规格更高的一组寝殿式的建筑（见图 11）。它位居中央主殿的东侧，与新近发现的同一时期所建的主殿西侧的社、稷、坛相对应，看来可能是一座祖庙——“左祖右社”可能源于此时。

## 殷晚期的离宫楼阁——小屯殷墟甲 12 基址

30 年代在河南省安阳市小屯村东北的洹水转弯处所发现的“殷墟”，大约是殷晚期的离宫苑囿（不仅建筑布局有所反映，而且遗址还出土了当年豢养的大量野生动物骨骼）。近年来发现了南、西两面的围壕，它与洹水共同围成了一个近似方形的地段。在这个地段内，至今尚未发现中轴对称布局的正规朝廷建筑群，而只是一些不太有规律的纵横布置的建筑。东北部的甲 12、甲 13 两座建筑基址的布置，不取日照较好的朝南方向，而是选择东向洹水风景，说明它是以园林观赏为主的建筑。甲 12 经复原考证，已在原址上重建起来（见图 12）。甲 12 基址为长方形，南北长约 21 米，东西宽约 8.2 米。与同一时期的其他基址相比，这样小的宽度（进深），中间无需再加支柱，但这个基址中间却增加了一排柱子，而且柱间距很小，还不到 2 米。这说明甲 12 上部荷载较大，原是一座楼阁。殷商甲骨文字中，有楼阁形象（见图 13），它为复原提供了佐证。

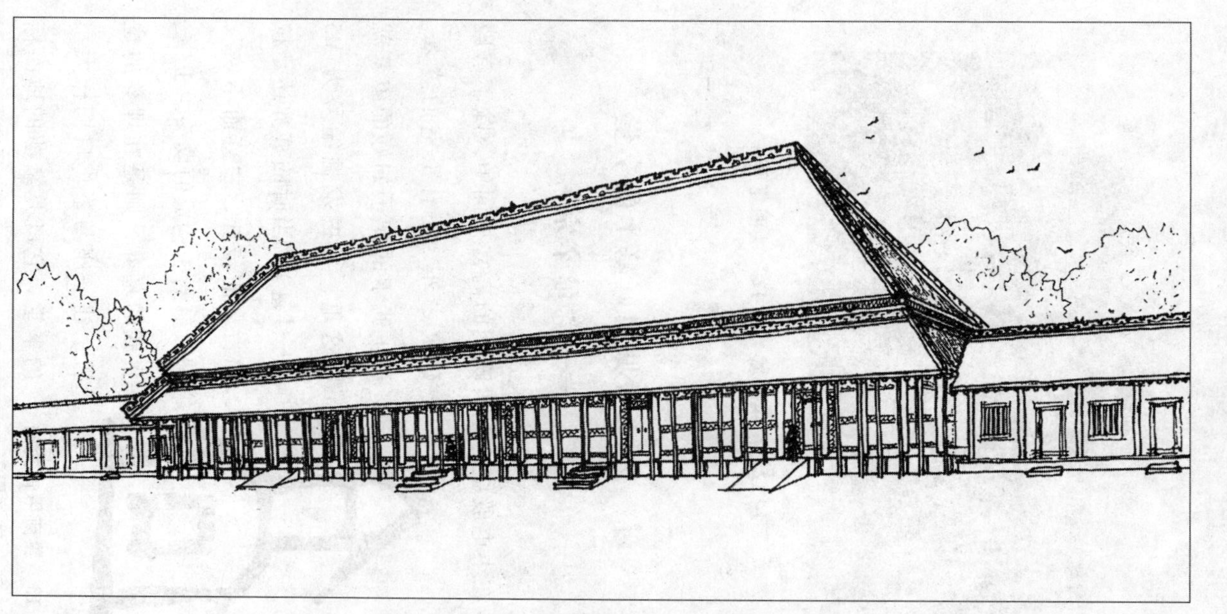

图 11 尸乡商城 I 号宫城 D5 寝宫复原图

图 12　小屯殷墟“甲 12”楼阁复原

## 小屯殷墟妇好墓上的享堂——“母辛宗”

在小屯殷墟这座殷晚期的离宫苑囿中，除了宫殿建筑之外，还有王室的陵墓。殷王武丁的妃子妇好的陵墓就在这里，考古发掘编号为 M5（五号墓）。当时的墓葬还是按照古老的传统，“墓而不坟”，即没有封土构成的坟头。王室、贵族的墓葬，则是在埋葬的位置上建一座与墓圹口同样大小的享堂。它既是墓葬的地面标志，又是遮阴蔽雨的祭坛。这

图 13　殷商甲骨文的楼阁图形

种陵墓上的享堂建筑，在当时叫做“宗”。妇好的庙号是“辛”，她的享堂就是殷代甲骨卜辞中多次出现的“母辛宗”。

母辛宗的平面东西宽5米、南北长6.5米。特别的是，向南的正面为两间面阔，进深为三间：只在东、西侧设台阶。台基周围散水上立有擎檐柱，是“四阿重屋”式屋盖、四面空敞的“堂”的形式，看起来很像是一个亭子（见图14）。现在知道，殷商时代的王室、贵族陵墓上都有奉祀、祭享使用的“宗”。安阳大司空村的陵墓M311、M312以及山东的一些殷墓都发现了“宗”的遗迹。山东省滕州市前掌大殷商贵族墓上的宗，由于地下墓圹、墓道形状的不一，其建筑体形也较为复杂。墓上建“宗”的这种制度，至少延续到战国时期。

**图14　母辛宗复原图**

## 方国都城的宫殿
## ——盘龙城 F1 和 F2

宫殿从一开始就形成“前朝后寝”的格局，隶属于商王国——“大邑商”的各地“方国”统治者诸侯的宫殿也是一样。湖北省黄陂区盘龙城发现的商中期的方国都城遗址中，东北部有宫殿遗迹——F1、F2 两座殿堂前后排列在南北中轴线上，东西两侧还有廊庑遗迹；在 F2 以北发现的夯土基址 F3，经考证为北廊庑遗迹。考古先发掘了 F1，后来揭露了它前面的 F2 和它后面的 F3。F1 类似尸乡商城的 D4，是一座檐廊环绕的四室寝殿，中间两室较大，两侧两室较小（见图 15）。F1 前方（南部）的 F2，是一个大空间的厅堂，显然是处理政务的“朝”。F2 和 F1 已经表明前朝后寝不再是一栋建筑，而是各为一座宫殿，和尸乡商城宫殿朝、寝分立的情况一样，只是较为简单就是了。湖

**图 15　盘龙城商中期方国宫城 F1 寝宫复原**

北天气潮湿，3000 多年前的殷商时代尤其多雨，所以这里的宫殿台基周围都有很宽的陶片叠置的散水。

## 5 郑州商城的台榭残迹

郑州商城属于考古学上的二里岗文化时期，即殷商中期，有的学者认为是商初都城亳，也有学者认为是后来的隞都遗址。70 年代对郑州商城遗迹的发掘中，发现一处高台建筑残迹。高台建筑在先秦文献里称为“榭”或“台榭”，就是在高台上建筑殿堂的一种形式；同时在高台四周用屋檐保护夯土台壁免遭雨淋，因而外观上看不到土台，像是楼阁一样。当时所造的象形文字“墉”的图形，正是它的抽象写照。推测当时的台榭，只是在一层方台上建筑的宫室，外观体形仿佛“凸”字形楼阁。

郑州商城遗址所发现的这个台榭残迹，中心土台的残留高度有 2 米多，局部残存着台壁，壁面有壁柱槽，壁柱槽与地面相接处，有柱础石。虽然这座台榭式宫殿被毁严重，但它却证实了殷商时代确已创造出雄伟壮观的高台建筑——台榭。到西周时期，它已成为朝廷的主体殿堂。发展到东周时期，中心夯土台，除了方形之外，还出现了长方形的台；台由一层发展为两层、三层乃至多层。在木结构柱、梁框架还不发达的情况下，依靠一个夯土台，在其周围和顶部建造像多层楼阁一样的宏伟建筑，是建筑艺术方面的杰出创造。就结构学来讲，从早期以原始木结构为骨干的土木混合结构，发展到这种以土结构为核心的土木混合结构，也是一个重要的进步。

## 6 殷商宫殿的营造成就

“四阿重屋”的殷商宫殿，比夏代宫殿更加雄伟壮观，建筑装饰也更繁复华丽。从当时的青铜器文饰来看，建筑也应是这样的充满装饰意匠。殷商陵墓的棺椁是按照死者生前所住的宫殿装饰的，因此根据椁板上雕刻的花纹和红、黑两色的彩饰，可以推知建筑木构的装饰的情况。从二里头遗址得知，夏代宫殿开始在柱上画红、黑两色的图案，这时更进一步在柱、梁等木构件上加以雕刻后再上颜色。文献记载“殷人宫墙文（纹）画”，小屯遗址已发现壁画残迹，证明了当时确实是有壁画装饰的。

小屯遗址揭示，这时擎檐柱还采用了画着红、黑图案的金光灿灿的青铜柱“质”（垫在柱础上的构件），这不但改暗础埋柱为明础立柱使柱脚避免腐朽，而且还有很好的装饰效果。郑州商城还出土有门砧铜饰件（见图 16），说明已开始比较多地使用青铜材料来装饰宫殿。

安阳大司空村和小屯陵墓都曾出土随葬的建筑石刻，有猛兽、猛禽、勇士之类形象的门砧雕刻，其艺术水准相当高（见图 17）。

《墨子》记载，殷商宫殿“堂被锦绣”，是可信

图 16　郑州商城出土门砧铜饰件拓片

图 17　安阳殷墓出土石门砧饰件之一种

的。堂是最先使用帷帐的，这取决于堂的开敞空间——前檐无墙壁及门、窗、槅扇之类的装修，后来也只是在两侧各间设栅栏略事拦隔。开始或出于防风御寒的需要，在檐柱间悬挂帷幕，继而形成一项重要的装饰或礼仪性设置。帷帐用极富装饰性的锦绣织物，其悬挂情况类似现代舞台口的大幕，上下起落开闭。帷帐用绶带系起的形式，如同汉画像石所表示的样子。绶带上常缀有玉璧、玉磬等装饰。进一步，堂和室内周围也张挂帷幕来装饰墙壁，即所谓“壁衣”。梁、柱等木构上，往往也裹上锦绣织物。这一装饰手法可收到富丽堂皇的效果，后世木构所施的油漆彩画以及壁纸、壁挂（壁毯之类）的意匠，即渊源于此。地面所铺筵席、毡毯之类，也是一种装饰手段。建筑装饰是一种实用美术，它是在实用构件或设备功能的基础上加以美化而发展起来的。

在工程技术方面，小屯遗址发现土墼（预制夯土砌块）残块，从河北藁城建筑遗址知道，版筑墙的顶部有时使用土墼砌筑，这要比版筑施工方便。周原所见为泥坯（泥中搀有谷子壳），规格为 43 厘米 ×17 厘米 ×8 厘米。其实早在龙山文化晚期就已发明了土墼和泥坯，不过那时还很原始，规格不统一，殷商所见则是成熟的砌块了。在木结构方面，支承屋檐的擎檐柱数量，已开始比夏代减少，直到和檐柱相等，母辛宗就是这样的实例。这预示了承檐结构即将由落地支承向悬挑支承过渡。

# 五　殷晚期周邦君的祖庙和西周“瓦屋”宫殿

目前还不掌握殷、周王室祖庙的实际材料，但位于古代“周原”的殷晚期周人（从属于殷）所遗留的凤雏甲组基址，却提供了当时王室宗庙具体而微的例证。凤雏甲组是当时“邦君”的祖庙，邦君是方国的国君，也就是诸侯，他的祖庙规模虽不及殷、周王室祖庙那么大，但在形制上却是相似的。

岐山之下的“周原”，位于现今陕西省岐山、扶风两县境内。公元前12世纪，“古公亶父”（周太王）率领周人从西部的黄河上游流域东迁到这里。周人把周原建设成为一个重要的发展基地。这里土地肥沃、物产丰富，周人定居后，得到极大的发展，以至足以和殷人对抗，东进中原伐殷，最终取而代之，建立了强大的周王朝。周原地区的岐山、扶风两县，至今还有不少当年的文化遗存。《诗·大雅·绵》描写周人迁到周原以后，大兴土木，建设祖庙、宫殿等以及建设城邑的热烈情景，正是说的这里。在岐山县凤雏村所发现的甲组遗址，便是当时周人方国祖庙的实证。

## 殷晚期周邦君的祖庙

凤雏甲组建筑是目前所知最早的“一颗印”式四合院，可以看出它与二里头夏代宫廷建筑以及“尸乡”商城的宫廷建筑的传承和发展关系。从二里头F1、F2到凤雏甲组，发展的途径是：环绕中庭的周围廊庑与中央殿堂连接，从而形成前、后两进庭院。这一新的组合，出现了新的空间关系，因而各部分有了新的名称（见图18）。整组建筑对照后来的文献所记的名称，从前到后的情况如下：

门前有影壁——“树”。按照周代礼制规定，只有邦君的建筑才有资格用“树”来遮挡大门，等级限制是很严格的。东周时期“礼崩乐坏”，往往发生僭越行为。孔子曾批评齐国重臣管仲的宅邸门前建影壁，说：“邦君树塞门，管氏亦树塞门。管氏而知礼，孰不知礼？”意思是说：邦君在门前建影壁，姓管的也在门前建影壁，如果姓管的懂得礼法的话，就没有不懂礼法的人了！老夫子的义愤之情，溢于言表。这里门前有“树”，说明周礼“树塞门”是继承殷人的制度。结合附近出土的铜器有“邦君”字样的铭文，可以证明这座建筑为“邦君”所有。

门与树之间的场地叫做“宁”（音zhù）；门道叫做“隧”；道两侧房间称“塾”。门内院落称为“中庭”，因地处堂前，也叫“堂涂”。

正殿前檐开敞，称作“堂”；堂的东、西墙称

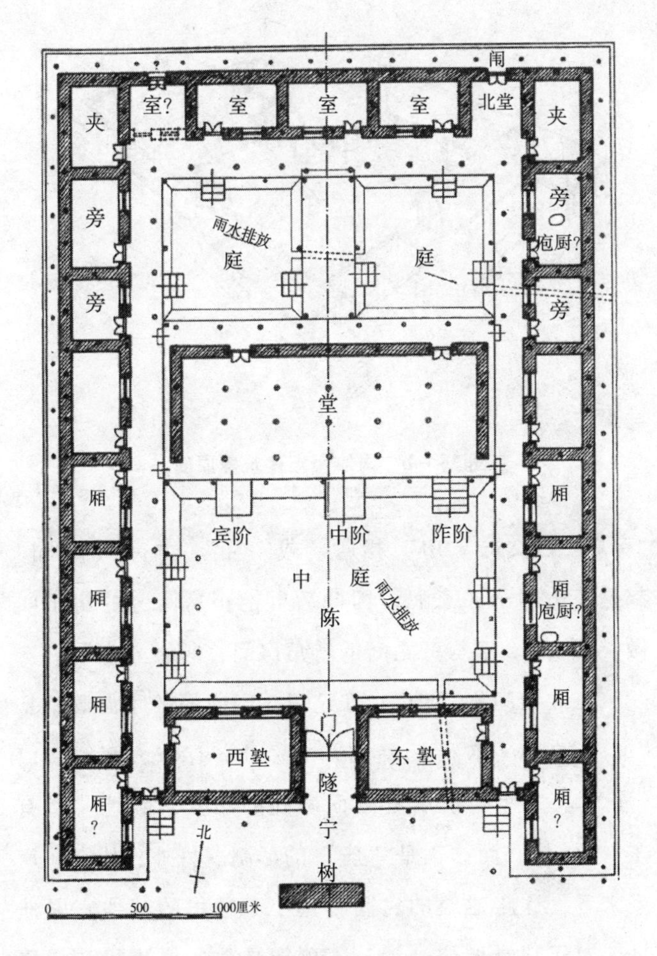


图 18－a　凤雏甲组建筑复原平面图

“序”，文献又解释说两侧房间也叫“序”。堂前三个台阶，左边的一个踏步式的台阶叫做“阼阶”，是主人用的；右边的为斜坡式的踜蹉，叫做“宾阶”，是客人用的，即所谓“左墄、右平”；中间的叫做“中阶”。后院称“后庭”；后庭正房称“室”；东、西房称

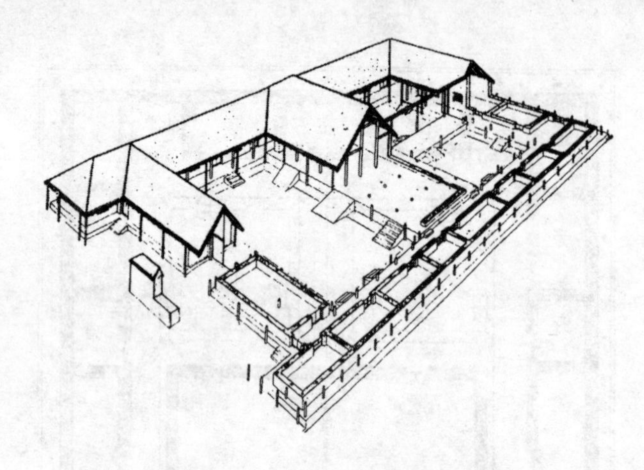

**图 18－b　凤雏甲组建筑复原图**

“旁”（古文与“房”相通）或“厢”。“旁”、“厢”都是旁边房子的意思，因此后世把正房两旁的房子叫做“厢房”。室与旁之间的转角房间，叫做“夹”。

东北角门称“闱”；在这里，闱内的敞厅大概就是“北堂”。《尔雅·释宫》说：“室有东、西厢，曰‘庙’”。这座建筑后庭三面房间的布置，恰是“室有东、西厢”，而这正是“庙”的形制。另外，从空间尺度来看，这座建筑的房间都远小于这里的其他宫殿遗址，对于邦君地位来说，不可能是他居住或行政使用的宫殿。这座祖庙有前堂，是后世文献没有提到的。祖庙模仿国君生前宫室，应该是“前堂后室”的格局。《诗·大雅·绵》描写周原当时版筑墙的施工情况：“其绳则直，缩版以载，作庙翼翼，捄之陾陾，度之薨薨，筑之登登，削屡冯冯，百堵皆兴。”它还忠实地记录了版筑工艺过程：墙基放线，架立桢、干等模具，用筐篮传送黄土，向模版内填土，用夯杵捣实，拆模后进行壁面整修加工。这甚至和3000年后的清代版筑工艺完全相同。从遗址残存的墙体来看，工程质量相当好。墙体下部宽度一般在58~75厘米，大概相当于西周3尺。这里的版筑墙内仍然有木柱，也就是说，仍然是夏代木骨版筑墙的做法。

周原凤雏甲组这座邦君的祖庙，是我们所见到的最早用瓦的建筑实例，不过它还只是局部用瓦。它的屋面做法早、晚期是不同的：早期是草顶（古文称“茅茨”），而在容易被风吹坏和存水腐烂的屋脊、天沟、屋檐等处铺瓦；晚期改进为沙子灰抹面的“灰背顶”，以代替原来铺草的部分。和它同时的中原殷王朝宫殿，还只是草顶的时候，这里已经懂得用瓦了。古史传说“昆吾氏作瓦”，也就是说屋瓦是原始氏族时期发明的。所谓“昆吾氏”，大约是西部地区的一个氏族公社。因此发源于西部地区的周人，在周原建设中，使用了屋瓦是有道理的。

这座祖庙所用的瓦比较原始，初看起来像是后来的瓦，但瓦上有的有小孔，有的有突起的陶环，这是椽木和茅草屋面连接时绑扎绳子用的。较晚的一种瓦，则带有突起的陶桩或陶椎，以便把它插入灰背屋面，使之固定（见图19）。然而，这并不是最原始的屋瓦，瓦的发明还要早得多。在周原以西，黄河上游流域和现在陕西接近的甘肃省灵台遗址，发现的氏族社会向国家过渡时期的齐家文化屋瓦，距今有4000年之久了。从这些屋瓦来看，屋瓦的发明还要早一些。

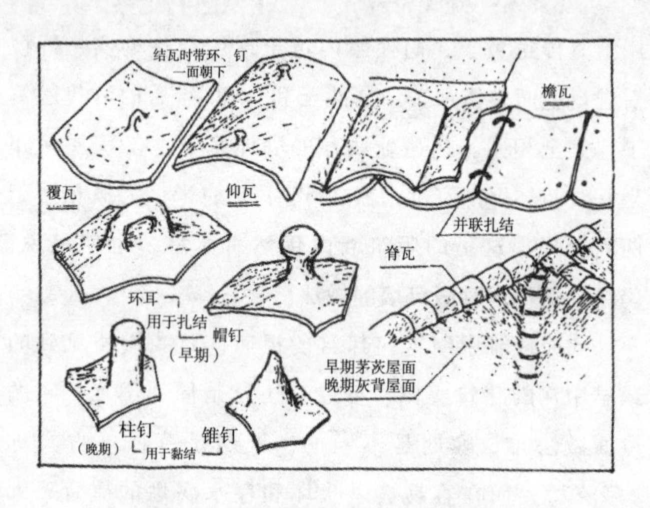


**图 19　凤雏甲组屋瓦构造示意图**

## 2 周原的“瓦屋”

周原扶风县召陈村遗址所发现的十二座西周初期到中期所建的宫殿遗迹表明，这些建筑原来都是瓦屋顶。周原早期凤雏甲组即祖庙一组建筑还只是局部用瓦，到西周初期至中期的召陈的宫殿，则已发展为全部敷瓦了。《春秋》记载：隐公八年（公元前 715 年）“盟于瓦屋”。瓦屋就好像现代农村中说的“大瓦房”一样，瓦顶是很讲究的房子，表明时至东周前期仍以“瓦屋”为贵。召陈“瓦屋”可以 F5 复原为例，看一看早期瓦顶殿堂的形象（见图 20）。有趣的是，这座殿堂的平面布置，其堂、室、房、夹完全和夏王宫殿的“世室”（二里头 F1）一样，但其外观体形却要比夏、商宫殿显得高级得多了。

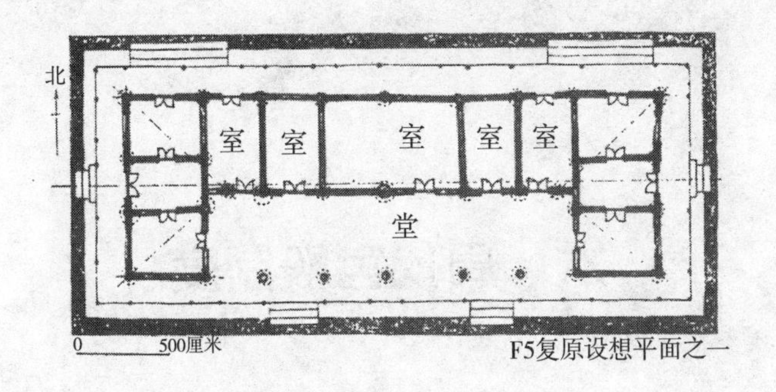

**图 20　召陈 F5 原状初步设想——四阿瓦屋**
**（从擎檐柱推测或继承殷人重屋形制）**

西周时期，周人在他们的老家周原所建的这些殿堂为“瓦屋”，可知周王都城的宫殿都是瓦屋顶的。丰、镐一带已有屋瓦出土，实际上已证实了这种推测。

# 六　周代宫殿制度

中国的宫殿建筑从夏代“朝”、“寝”寓于一栋建筑之中的“世室”，经过殷商的“朝”、“寝”分离，发展到周代，无论是“朝”还是“寝”都已形成一个组群。不仅宫殿规模扩大，而且建筑体形和空间组织也都更加繁复。西周是奴隶制王朝的鼎盛时期，礼制已相当健全，宫殿同样也予以制度化、规范化。归纳起来，整个宫城有所谓“三朝”、“五门”、“三寝”或“六寝”、“六宫”的内容。周代宫廷建筑的“前朝后寝”已经比较复杂。“前朝”可分三部分，即所谓“三朝”——“外朝”、“治朝”、“燕（也就是‘宴’）朝”。这就是《周礼》说的：“天子、诸侯皆三朝”。外朝就是后来所说的“前殿”或“正殿”，周天子的宫廷前殿是“明堂”。它是举行新君登基、凯旋献俘等重大典礼、重要议事及狱讼使用的殿堂，殿前有“大廷（庭）”。

治朝和燕朝都属于内朝。治朝是国君日常和大臣们治事的地方，所以也称为“日朝”或“常朝”。燕朝是“前朝”最后一组宫殿，它用于举行册命和喜庆典礼以及国君与近臣、宗族议事或宴饮等聚会，也用于平时听政及礼宾活动。

燕朝之后，就是“后寝”部分了。《公羊传》说：“天子、诸侯皆三寝：一曰高寝，二曰路寝，三曰小寝。”古籍或说为“六寝”：一种解释说“路寝一，燕寝六”；另一说为“路寝一，燕寝五”。“六寝”之后为“六宫”。路寝是国君的“大寝”或者说是“正寝”。《礼记·玉藻》说：“君，日出而视之，退适路寝听政。”它的功能是国君退朝后处理政务和生活起居之用；基本形制也是“前堂后室”，并有许多旁(厢)、夹之类以及其他饮食供应等附属建筑，不过是以台榭式宫殿为主的一组复杂的建筑组合体就是了。其他的各“寝”和各“宫”，也都是相对独立的建筑组合体，这些都是后、嫔等人的住处。

宫殿位于都城的中轴线上，从南到北为“天子五门”、“诸侯三门”。天子五门是：皋门、库门、雉门、应门、路门；诸侯三门是：库门、雉门、路门。

周代所奠定的“三朝五门”、“六寝六宫”的宫城制度，成为后世宫殿的基本布局。此后历代的宫殿都是参照这一基本布局，再根据自己的具体情况变通规划而设计的。

# 七　周王的宫廷前殿——“明堂”

约在公元前1130年，周文王姬昌由周原迁至今西安沣水西岸，建造城邑，命名为“丰”，作为国都，建立了周王朝，就是后人所说的“西周”。公元前1027年，武王姬发在沣水东岸建新都“镐”。丰、镐二京的王城和宫殿遗址，至今还没有明确的发现，但是自20世纪50年代以来，这一带却不断发现夯土台基残迹。史籍记载，周王宫廷前殿叫做“明堂”，是“台榭”形制。周人早在周原的时候，就已经学会制造和使用屋瓦了。所以周王朝建国之初的丰、镐两京宫殿，都是瓦屋顶。沣水两岸原来周王城址一带，曾出土周瓦，从而证实了这一点。

周明堂是殷商台榭的直接继承和发展。明堂这座高台建筑（台榭）由于采用了瓦屋顶，要比殷商茅茨屋面的台榭高级得多了。西周时期业已成熟的明堂平面是方形，以夯土台为核心，四周依台建有堂、室，台顶上再建一个大殿，叫做“太室”。古时“太”、“大”是一个字，读做dài。中央土台叫做“墉”，当时的象形文字画成前面所提到的图形：中央一个方块表示夯土台，四周有屋顶符号表示周围有屋檐。到目前为止，考古虽还没有发现周代明堂的遗址，但从间接的考古材料和后来文献的追记，我们对周明堂形制仍可有一个大体的了解。西汉时崇尚儒术，朝廷曾多次议论按照“先王”制度建立明堂的事。西汉末王莽执政期间，又以朝廷名义组织鸿儒重臣专门研究考据周代明堂，并把最后批准的明堂复原设计方案在国都长安南郊建了起来。这座明堂比后来东汉时期在首都洛阳南郊建设的明堂，以及唐代武则天当上“大周皇帝”以后在东都洛阳宫城中轴线上建起来的并加以创新的明堂，都更接近周王明堂的原状。这里扼要地介绍一下西汉王莽时在长安所建的明堂，作为了解西周明堂的参考。

西汉长安的明堂体现了周明堂的基本特点，并加上圜（音 huán）水，而赋予了“辟雍”的内容。具体形制是：中间为方形夯土核心——墉；四面各建有“前堂后室”。南面的堂日照时间最长、最明亮，所以被称为“明堂”，也就成了这座宫殿的总称。北面背阴的堂光线较暗，叫做“玄堂”；东、西堂也各有名称。四面堂的后部共有四室，台上建主体的“太（大）室”，一共是五室；另外还有“旁”、“夹”之类的附属房间（见图 21）。

明堂平面像一个乌龟的腹甲，呈“亞”字形。龟甲是殷、周时代所崇拜的东西，因此当时对“亞”字有神秘感。汉儒解释周明堂“亞”字形平面，是代表

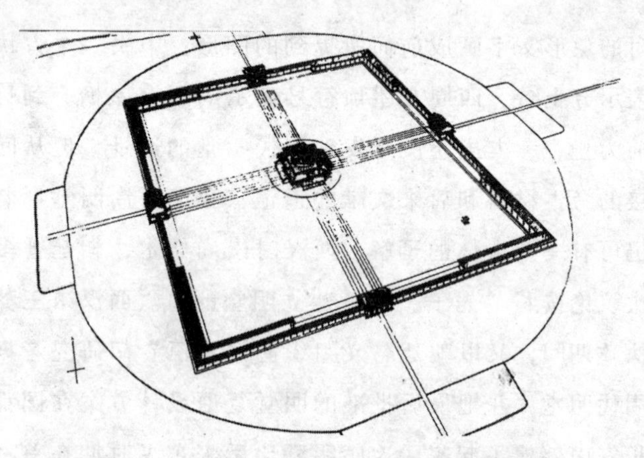

图 21－a　西汉末长安明堂辟雍总体鸟瞰图

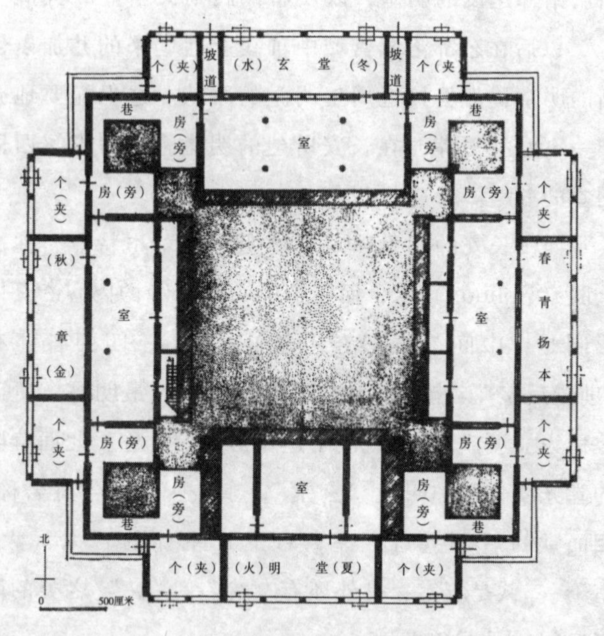


图 21－b　汉长安明堂辟雍复原平面图

四方和中央，又代表四季和五行（木、火、土、金、水）。又说周明堂方台上的大室是圆形的，借以体现

“天圆地方”。周天子与天地相通，代表天地神明在明堂里布政和教化臣民。所以说这座建筑是十分神圣的、充满哲学意味的和经典的不朽之作。三千多年来，历史上各代都有专门从事明堂研究的学者，直到今天，更有世界各国的学者为之钻研不懈，甚至献出毕生的精力。

# 八 东周列国的“高台榭”、“美宫室”

公元前770年，周平王将国都由关中东迁洛阳，从而进入历史上所说的“东周”时期。此时，周王的朝廷势力日渐衰微，各诸侯的势力日益壮大，往往不受国王的约束、不按礼制的规定行事，甚至以独立王国自居，称王称霸。诸侯们为发展自己的势力，互相征伐，战争连年不断。东周前期，因孔子著有史书《春秋》，所以后人把这个时期叫做“春秋时期”；后半期，列国兼并战争剧烈，所以《史记》以周元王元年（公元前475年）开始，称为“战国时期”。据《左传》记载，春秋时期诸侯国共有140多个，其中重要的有齐、晋、楚、秦、鲁、郑、宋、卫、陈、蔡、吴、越等。战国时期，兼并战争的结果，许多小国不存在了，原来周王室分封的诸侯国数量减少很多。当时最为强大的诸侯纷纷称“王”，最强盛的“王国”有秦、楚、韩、赵、魏、燕、齐七国，这便是历史上所称的“战国七雄”。

西周时期的城市是为周天子和诸侯服务的政治、

经济、军事中心，都筑有防御城池。城中的手工业主要是为统治者服务的，商业还没有发展起来，所以城市规模都比较小。为经济生活服务的城市，是从春秋末期到战国中期随着土地私有制的确立和手工业、商业的发展而出现的。这时城市日趋繁荣，规模日益扩大。各国的都城建设发展更快，当然首先是宫殿的建设。东周列国的统治者互相攀比、追逐享乐，以“高台榭、美宫室，以鸣得意”。晋灵公造九层之台，工程浩大，尽管投入了大量的人力、物力，可是三年还没有完工。楚国所筑章华台也是很高的，建好以后，楚王登台，中途休息了三次才到达台顶的宫殿。吴王夫差造了三百丈高的姑苏台，上有馆娃宫、春宵宫、海灵馆，层层廊庑环绕，壮丽非凡。台榭越建越高大，以至魏襄王妄想建造一座高达“天高之半”的“中天台”。

东周列国的台榭式宫殿遗址，现在还有一部分被保存了下来。它们已经都是一些大大小小的土丘了，主要的有：①河北省易县燕国“下都”城址内，遗存有大、小高台遗址三十多处，分别称为“武阳台”、“老姥台”、“路家台”等。武阳台位于内城北部中央，土丘现状为 130～140 米见方，残高约 10 米。老姥台在武阳台北，长 95 米。②河北省邯郸市的赵国国都邯郸城址内，还保留有遗址十多处。古城中轴线上有四个土台，南北排列，南面的台最大，长 288 米、宽 221 米、残高 13.8 米。③山东省临淄市的齐国首都临淄城址内，中部偏西有“桓公台”，东西 65 米、南北 72

米、残高约16米。④山西侯马市晋国都城遗址中，也残存高台宫殿遗迹6～7处。⑤陕西省咸阳市秦时称为“北坂”的北塬上，遗存许多战国时期的咸阳宫台榭遗址。⑥河北省平山县有中山国王陵台榭式享堂遗址（已发掘，并进行了科学复原）。⑦河南省辉县固围村有魏国王陵并列三座台榭式享堂遗址（已发掘）。除去以上的“高台榭”之外，也还有“美宫室”遗存。

## 1 春秋时期的秦都雍城宫殿——凤翔马家庄3号遗址

秦襄公护送周平王东迁有功而被列为诸侯，于德公元年在今陕西省凤翔县建造都城——雍。经考古探查，城为不规则方形，已探出的西垣长约3200米，从南垣东南隅残段判断，南垣长约3300米。同时探得宫殿建筑遗址数处，其中考古发掘编号为“马家庄3号建筑遗址”最大，也最完整。

这一遗址偏居都城西部，距西城垣仅600多米。其西侧200多米处有姚家岗（当地俗呼“二殿台”）高级建筑遗址，在此岗的东南部分曾先后发现三窖64件宫殿铜饰件——金红，可知这一带的建筑为王室宫殿规格。其东500米有马家庄1号址，其中有许多祭祀遗迹，而被推断为宗庙。马家庄3号遗址与楚都中轴线上的宫殿群相比较，规模要小得多，显然它不是主要的宫殿。秦是“春秋五霸”之一，其宫殿之豪奢是有名的，当年戎使由余看雍城宫殿惊叹不已，其主要宫殿应与楚国相媲美。

马家庄3号遗址显示共有五进庭院，中轴对称，方向为北偏东28°，即朝向西南——自古所推崇的“戾”位。它提供了用宫垣而不是廊庑环绕的庭院例证。整组宫殿建筑地段夯筑高起，自南门前照壁至后宫墙，纵长约326.5米（见图22）。

第一进庭院进深52米，东西宽59.5米。东、西、南三面围墙根厚1.5~2米。正门宽8米，门前25米处有照壁——“树”。“树”与门相对，但略偏东（凤雏甲组的“树”略偏西），为版筑墙体，长度为25米，墙根厚1.5米。东墙居中有一旁门，宽2米；推测西墙对称位置的残破处也应有同样的门。院内东北隅有一烧土坑，口略呈6米×4米的长方形，深3米。

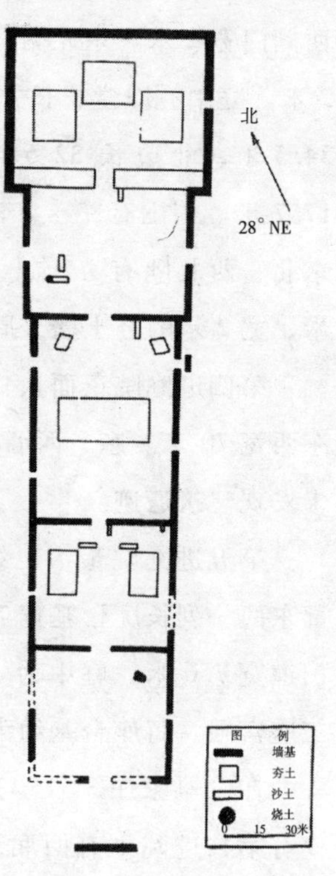

**图22 凤翔马家庄东周时期秦宫3号址复原平面图**

第二进庭院进深49.5米，南部与第一进等宽，北部宽60.5米。西墙中部有一侧门，宽2.8米；推测东墙对称的残破位置也有同样的侧门。南墙厚2米，正中有一门，宽6米。庭内靠北有东、西相对的两厢，台基长度都是16米，东西宽12.5米。其北各有一段6.5米长的夯土墙，厚2米，相距10米。北墙中、东部各有一段带状红褐色沙土，中部的长45米、宽15米，厚60厘米，东边的长2米、宽1米，厚70厘米。中庭发现一些扰土坑。

第三进南墙中间的入口，略偏西，门宽4米。庭院纵深82.5米，北宽62.5米。东、西墙各有两侧门，靠北的东、西侧门宽各4米，靠南的东侧门宽2.5米，西侧门宽2米。东北侧门外也有“树”，长6.5米，厚2米。庭中有殿堂，长方形台基略有误差，南边东西长34.5米，北边长32.5米，东边宽17.2米，西边宽17.7米。周围有路土、散水石及散落的残瓦。庭院的东北、西北隅有夯土；北墙东段有向南伸出的长7.5米、宽2米的夯土墙，周围有散水石。

第四进庭院正面入口，宽10米。庭院纵深51米，东西宽70米。东、西墙各有一侧门，宽6米。庭院中未发现建筑遗迹。

第五进庭院最大，纵深65米，东西宽86米。南部东西一列长庑台基宽7.5米，中有“断砌造”的门，门道宽7.6米。庭中为“品”字形布置的同样大小的三座宫殿。每座台基约为22米×18米。

在“马家庄3号”这一组五进院落中，房屋建筑仅有第二进院中有两厢，中部第三进院的殿堂和最后的第五进院内的寝宫，没有东厨等生活服务设置，而且在门外照壁以南的5米范围内，发现很多似乎祭器的薄圭片状的东西。在前庭并发现烧坑；在中间的三个院落中都发现有长条夯土多墩台之类的设置，看来也是庙堂之类的性质。五进院设有五门，与文献所记周朝宫廷的皋、库、雉、应、路等“五门”制度相合。如果是宗庙，则本着“事死如事生”的礼仪，它正是仿照宫殿制度建造的，只是具体而微罢了。

## 2 春秋时期秦国宫殿的青铜构件和饰件——金釭

秦国宫殿大量采用青铜装饰，是非常豪华的。其早期国都雍城遗址，先后发现了64件窖藏青铜构件和饰件，使我们得以借助它管窥到当年秦国宫殿室内装饰的一斑。

大约在西周晚期，宫殿的木骨版筑墙内的柱子已开始显露在室内壁面上，一定距离有一根壁柱，一种新式的墙体就这样产生了。木骨版筑墙的建造情况是，先在墙基槽内栽立一排圆柱，然后两侧架设模板夯筑墙体，这样就把柱子全都包在夯土墙内了。筑好的木骨版筑墙，是看不到柱子的。施工中墙体内的木柱有的栽立贴近模板，夯筑后拆模板便看到了这根柱子。这一启示，终于形成有意设立壁柱的做法：先夯打墙体（因为墙体内没有柱子，所以施工方便得多了），墙体夯好以后，再于壁面上每隔一定距离铲出一道竖槽，在槽内立上方柱。进一步，在一根根壁柱之间，再用横木连起来。横木很像腰带，所以叫做“壁带”。如果室内外墙面都设壁柱、壁带的木构护栏，则墙的整体受力情况就更安全稳定了。

西周宫殿木构件的交接处，应用青铜构件加固；到东周时期，木结构的发展，无需再用金属加固，有的金属件仍然使用但变成了一种装饰，“金釭”就是其一。“釭”是一种箍，铜箍就叫“金釭”。金釭原是壁柱、壁带交接处加固的构件，到春秋时期，秦宫所用的金釭已基本上蜕变为装饰物了；其中小型的门、窗釭，还具备构造功能，是一种构件。所发现的这些青铜铸造的金釭，大件的用于壁柱、壁带上，可分为内转角、外转角、尽端（单向齿式）和中段（双向齿式）四个类型。它们预先套在壁柱、壁带上，然后嵌入墙壁（见图 23）。各种类型的金釭，安装在室内各得其所（见图 24）。白墙衬托的朱红色壁柱和壁带上点缀着有蟠螭纹浮雕的金光灿灿的金釭，效果是十分华丽的。

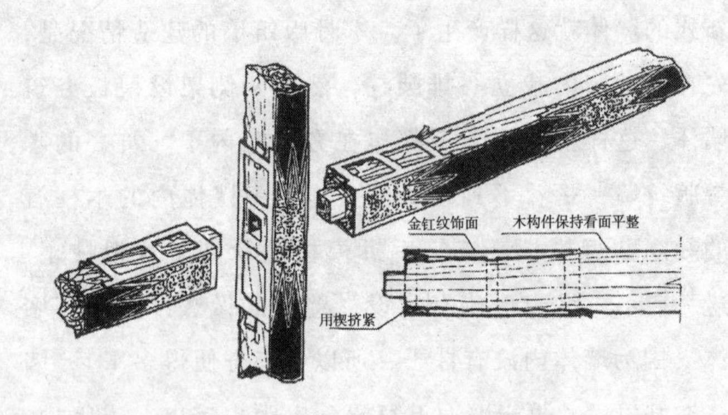


**图 23　金釭安装在木杆件上的构造示意图**

东周时期各国宫殿都大量应用青铜装饰，燕下都遗址曾发现 124 件残破的“条状、块状铜块”建筑铜

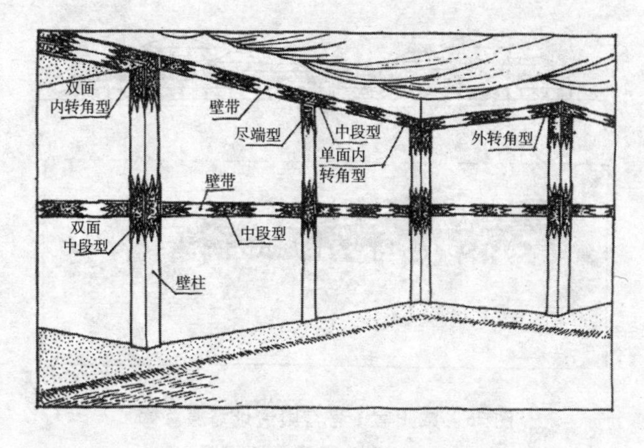


图 24　金釭可能安装的位置示意图

件，可以设想其装饰的豪华情况。当时不独秦国，中原及东方、南方各国的宫殿也同样是金碧辉煌的。

## 战国时期飞阁复道相连的秦咸阳宫殿

陕西省咸阳市东郊秦都咸阳城址“北坂”一带 250 米见方的范围内，发现五座相互联系、大小不等的高台宫观遗址。其中 1 号宫殿遗址保存较好，经发掘后，已作了科学复原。

咸阳宫 1 号宫殿遗址约为战国时期建筑，它建在咸阳北部黄土阶地即所谓“北坂”、“北陵”或“北塬”上。以牛羊沟为中轴，东西两组高台宫殿相对峙，中间跨沟以“飞阁复道”相连（见图 25）。牛羊沟是秦时就有的一条上塬的坡道，同时也是雨水泄洪的涧沟。考古发掘的是沟西的一半，据遗址

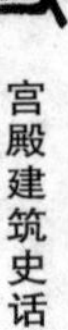



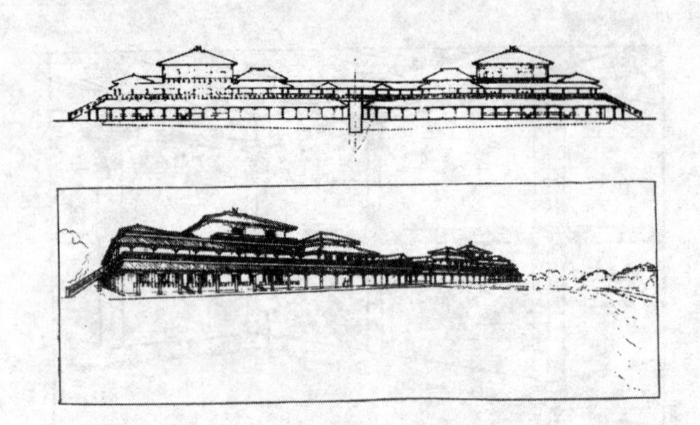

图 25　咸阳宫 1 号宫殿遗址复原总体南立面图及透视图

复原的情况是：夯土台略呈 L 形，东西长约 60 米、南北宽约 45 米、高约 6 米。台周围有 2.5 米宽的檐廊；靠台南北都有许多卧室并有浴室。文献记载这些宫殿都是“钟鼎、美女充之”（《史记·秦本纪》），遗址并伴出有妇女用的陶纺轮，完全证实了这些房间为宫嫔住处（见图 26）。台上是主体殿堂，有供秦王起居宴乐之用的堂、室。堂中央有“都

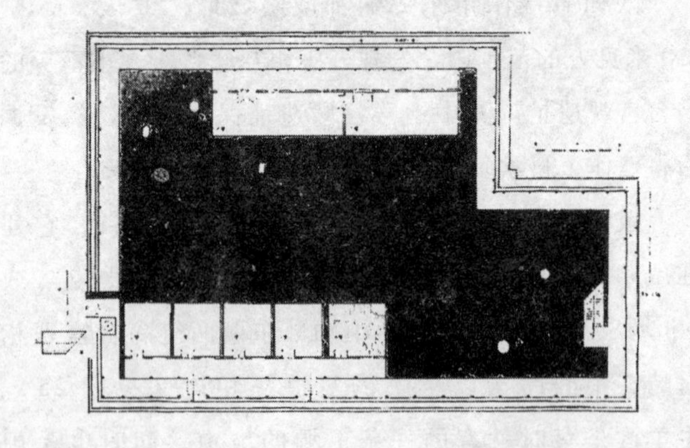

图 26－a　咸阳宫 1 号宫殿遗址底层复原平面图

柱”，室内有取暖壁炉。其西侧有浴室等附属房间；北、东侧也有厅堂之类。

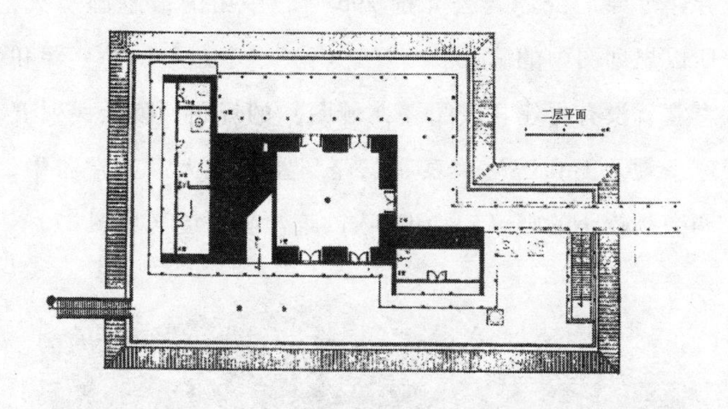


图 26－b　咸阳宫 1 号宫殿遗址上层复原平面图

## 4　战国时期中山国王和王后的陵墓享堂

河北省平山县战国时期中山国王和王后的陵墓及墓上享堂遗址中，出土有当时这座陵园的规划图——金银嵌错的铜版《兆域图》。周代天子和诸侯在其生前就有专职官员为他们作陵墓的规划设计，并经他们本人亲自审定。这一制度一直延续到清代。这件公元前 3 世纪制作的中山国王室《兆域图》，不但在中国建筑史上是很有价值的，而且在世界建筑史上也是罕见的珍贵史料。中山王、后陵墓及《兆域图》所表示的陵园规划及享堂形制，和与此同时的河南辉县固围村魏国王室陵墓及享堂基本相同，但比魏王室陵墓规模要大许多。

在考古发掘中仅发现中山国王及哀后两座墓葬。当时哀后先死，按照《兆域图》规划位置埋葬了哀后，并在她的墓上建了享堂。王死后，又按规划位置埋葬了王，并建享堂。此后，公元前 296 年，中山国被赵国所灭，所以规划图中的“后”、“嫔（?）”、“夫人”的墓葬和享堂就没有再建。按照《兆域图》的规划，陵上一列五座享堂，王和王后、哀后三座享堂一般大，王堂居中，两旁是较小的嫔（?）和夫人的墓及其享堂（见图 27）。

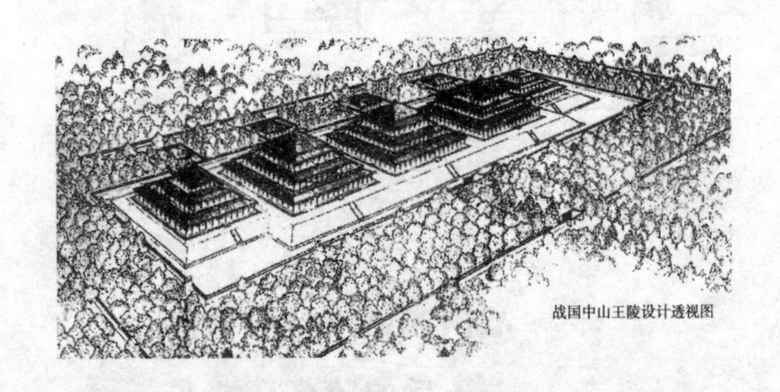


**图 27　据《兆域图》绘制的原规划设计的总体鸟瞰图**

王堂与哀后堂形制相同，都是在 1.3 米高、52 米见方的台基上筑起两层大台（墉），上下两层大台的四周建有防雨回廊。底层大台为 44 米见方、高 5.25 米，回廊进深 3 米，每面 15 间，通面阔 50 米。第二层大台为 3.2 米见方，回廊如一层。第二层台顶上建大室——享堂，整体外观看起来像是一座“金”字塔形的三层楼阁（见图 28）。

## 5　燕下都宫殿的屋脊装饰

屋盖是建筑的冠冕，中国建筑历来重视屋盖的处

图 28 战国时期中山国王陵上享堂复原

理，特别是宫殿建筑。早在殷商时代，茅草屋盖的宫殿就用木雕彩绘的略如雉堞的齿饰起脊，使它看起来既棱角锋利、挺拔，又华贵富丽。这可从当时的屋型铜器盖上领略到它的造型。有趣的是，战国时期燕下都的宫殿，有着类似的装饰意匠。燕国宫殿的瓦屋盖的屋脊，则是用陶制的装饰件（见图 29），它和中山国王陵上享堂屋盖竖立瓦钉的意匠相同（见图 30）。这样装饰起来的屋盖，更是富丽堂皇，很有特色（见图 31）。

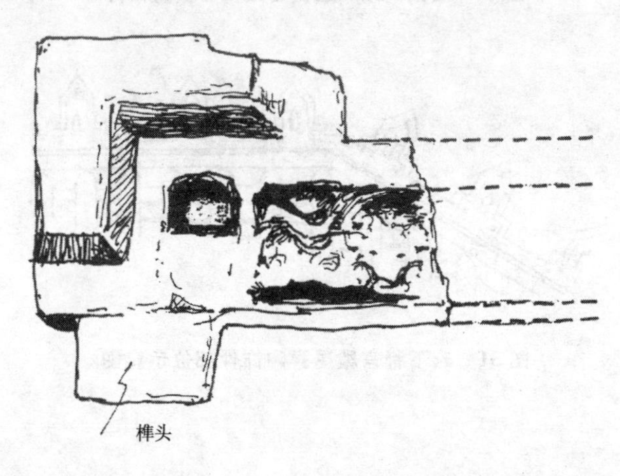

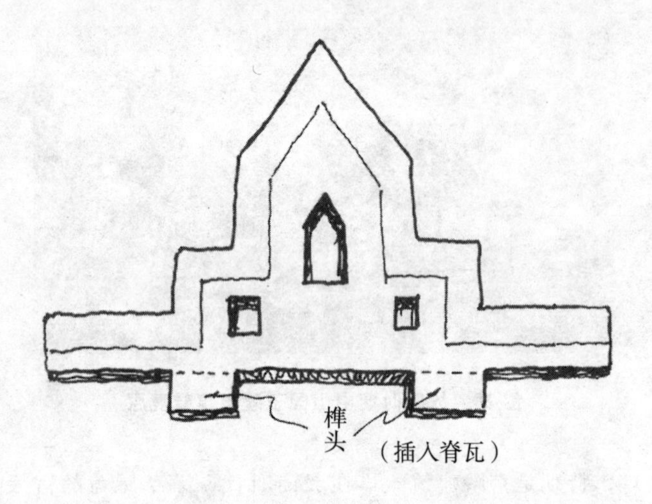


图 29　河北易县燕下都遗址出土陶脊饰

图 30　战国时期中山国宫殿檐瓦上的瓦钉

图 31　燕下都宫殿屋脊陶饰件部位示意图

# 九　周代宫殿的营造成就

奴隶创造历史，奴隶们世世代代地无偿劳动，创造了奴隶制时代辉煌的文明。雄伟的宫殿、庄严的庙堂、整齐的城市，无一不凝结着奴隶的智慧和血泪。奴隶制时代的建筑，无疑地通过其社会性（阶级占有）反映了奴隶主贵族们的铺张排场、挥霍享乐的使用要求，而更为重要的是，同时表现了奴隶们劳动创造所取得的建筑科学技术成就。

在殷商成就的基础上，周代宫殿无论在工程技术方面，还是在建筑艺术方面，都有很大的发展。

## 1　营造器具的使用和工种的分化

母系氏族中、晚期的住房，平面方、圆的误差有的很小，是徒手放线所不能达到的，从大地湾遗址出土原始水平仪可以证明原始社会时期已发明简易的测量器具。进入奴隶制社会以后，高大宫殿的修建，要求有必备的营造工具。成书于春秋时期的《考工记》记载当时的营造工艺时指出：“圜者中规，方者中矩，立者中县，衡者中水”。战国时期的典籍并有“直以绳”（《墨子·法仪》）或“直者应绳”（《庄子·马蹄》）的记载。在建筑施工中，正是由于应用了这些测量工具，才使得高大的宫殿群在体形组合上得以保持端正的几何关系；梁、枋、榫、卯才得以吻合无误。

规——画圆用规。一条绳索（木工所用较短，土工所用较长）一端系有锥，可固定以为圆心；另一端执以放线。古画像中，发现有女娲即手执此物；稍晚（至迟在汉）木工所用已作二脚规，汉画像中女娲多执此物。

矩——作方用矩。三根木杆相交构成，两根长杆呈直角，另一根短杆斜向固定。木工所用者小，土工所用者大（即后世所谓的“曲尺”或“方尺”）。汉画中伏羲即手执此物。

县（悬）——观测垂直用悬。一段系有重物的线，用时以手引线，重物自然下垂，用以测定垂直，即后世所谓“垂线”或“线坠”。

水——抄平用水。建筑地段抄平时，挖长沟灌水即可知道地段的高低。后来创造了一种器具，即所谓“平水”，也就是水平尺、水平仪的雏形。其形为一平底的长条木槽（大地湾遗址出土5000年前的陶槽平水，长约30厘米），用时内盛以水，置于测量的地段或部件上，观察槽内的水平线即可取平。

绳——画直线用绳。土工所用就是一条绳索，拉紧即可据以画出直线。后世瓦工用红土子荷包，使小线穿过颜色即可弹出直线。木工所用者，后世称“墨斗”，即使小线通过一盛墨的木斗，以染墨弹线。

奴隶制时期的建筑日趋复杂，在施工中，逐渐形成专业的分工。在车辆和家具、器物的制造中，早已出现专业化的木工。由于建筑工程的发展，这一时期又形成了建筑工程的专业木工。鲁班（公输班）就是奴隶制晚期的一位著名的建筑木工。建筑工匠中木工的专业化，意味着土工的专业化，即专门掌握版筑和泥水工程技术，也成为一个专业的工种。建筑装修的发展，又促成了彩绘和雕刻的专业化。战国文献所记“女工作文采，男工作刻镂”（《墨子》），是奴隶制初期就已经形成的情况。建筑工程的专业分工，加速了建筑的发展，并使建筑质量得到进一步的提高。

## 2 土结构的成就——版筑和泥土砌块工艺的定型

早在山西省夏县东下冯龙山文化的遗址中，就发现了版筑墙遗迹。河南省偃师县二里头夏遗址更发现了木骨版筑墙遗迹。“尸乡”及郑州商城宫殿继续应用木骨版筑墙；郑州宫殿遗址并发现版筑的墉残迹。周原凤雏先周邦君宫廷建筑遗址全部采用有木柱（圆截面）加固的版筑墙体，重要的是，有的木柱已显露在壁面，表示出木骨版筑墙向壁柱版筑墙的过渡。周代民歌《诗·大雅·绵》首次记录了版筑工艺和程序。

先秦文献并说明了模具的标准化：周代每层夯土厚约为5～7厘米，若干层夯土为一“版”，五版为一“堵”。

龙山文化晚期发明的土墼和泥坯，这时有了进一步发展。商代藁城建筑遗址曾发现很好的土墼（或泥坯）砌体。所谓“墼”，即预制夯土块，其制作是在小木框内填土夯实，拆框就是一块土墼。泥坯是用掺草或农作物茎叶的泥土制作的砌块。安阳小屯殷墟发现土墼残块；周原所见为泥坯。土墼的强度远较泥坯为大，一经火烧，坚硬如石。墼和坯的定型，预示着砖的产生为期不远了。

## 3 木结构的成就——栌、栾和抬梁屋架的创造

商、周的政治、军事势力向南已达到长江、珠江流域和西南地区，在经济、文化上随之也发生了不断的联系。如果说4000～5000年前氏族社会晚期“神农氏衰，诸侯相侵犯”（《史记》）为第一次地区文化大交流的话，则商、周时期大约是我国历史上又一次更大范围的文化大融合，尽管它是初步和肤浅的，但是就建筑的发展来讲，却起了一定的促进作用。长江流域及其以南的干阑式建筑和穿斗式木结构技术，对中原木结构的发展产生了影响。

目前已经知道，奴隶制时代中原地区的木结构是有很大发展的，宫殿木结构已有精细的加工，例如天子宫殿的椽木使用砻石打磨光滑，等等。这一发展最重要的表现是在承檐结构和屋架的变革方面。

商、周大型宫殿都作加大出檐或加防雨披檐（后世重檐的原形）的处理。屋盖如无专设的承檐结构，出檐不会太大，微风飘雨也不足以遮挡。这样，土阶极易坍塌；对于栽柱来说，檐柱脚也极易受潮腐朽，接触地面的一段日渐腐朽剥落，柱径减小，遇有水平推力就会折断。因此，承檐结构对于高大堂殿来说，是十分必要的。高大的殿堂要求承檐技术的发展，而承檐技术的发展，则是促进殿堂大木结构发展的一个关键。屋盖之所以重檐，斗栱之所以产生，屋面之所以凹曲，莫不与承檐技术的发展有关。

最原始的承檐结构是采取落地支承的方式，即后世所称的“擎檐柱”。擎檐柱最早见于5000～6000年前的洛阳王湾和湖北红花套氏族晚期住房遗址。这时，在木骨泥墙或竹笆抹泥墙的外围所立的擎檐柱，用料和间距还都不规整。发展至夏代，二里头宫殿所用擎檐柱用料已是相当规格化的了，布置也有一定的规律。商代“尸乡”宫殿的擎檐柱和夏代相同。晚期小屯殷墟宫殿擎檐柱已见减少，其布置情况也发生了变化。殷墟晚期，为防止擎檐柱腐朽，已改为明础，不再栽埋。进一步发展，为减少雨淋，擎檐柱脚退向檐柱——演变为斜撑。斜撑变短、变弯（采用自然曲木），遂形成古文所谓的“栾”，也就是后世插拱（丁头拱）的雏形。栾上升到檐柱头，即成为向前出跳的“翘”或“拱”了（见图32）。西周或春秋时期，大约

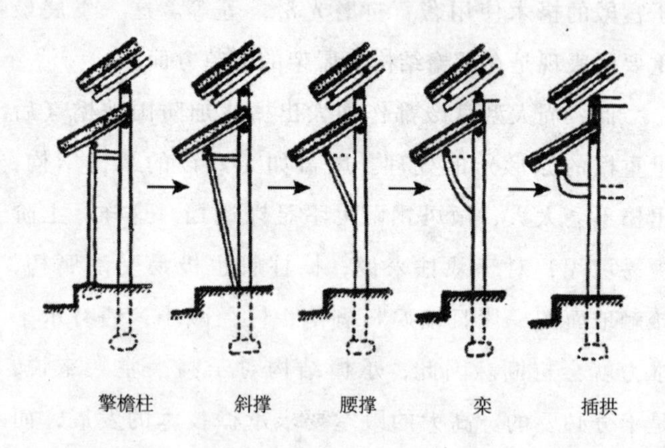


图 32－a　初期檐部结构发展示意图

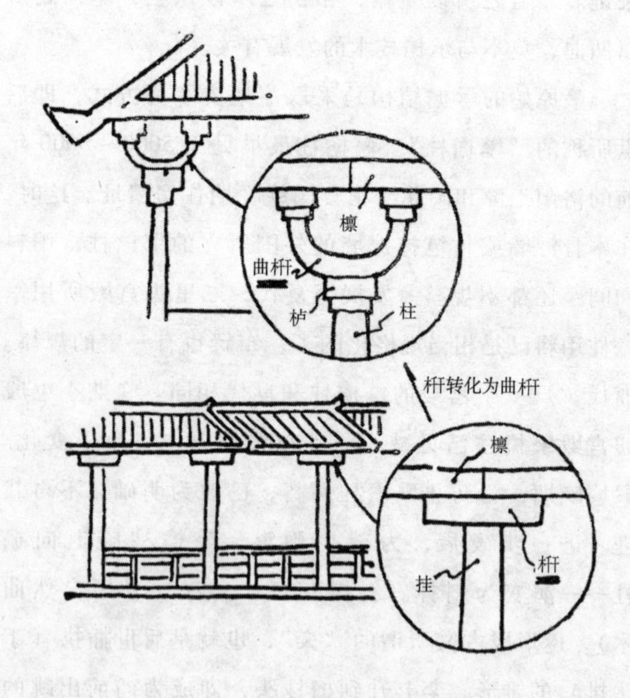


图 32－b　由枅到栾的发展示意图

已完成了向栾的转化。《诗经·小雅·斯干》描写西周宫殿屋檐伸展像飞鸟的翅膀一样——“如翼斯飞”，可能时值擎檐柱改进为斜撑或栾不久，因而引起人们的好奇和歌颂。

早期柱头承托檩、枋的接头很不稳定，因而在柱头上垫一木块，以加大承托面积。所垫的方木块，古文称“栌”或“欂”（后世座斗的雏形），所垫若为横木，则称“枅”（后世称为替木），可见栌、枅实为同一构件的不同形态。西周初年的铜器“乆令簋”上有栌的形象，据此推测，当时已经有了枅。进一步，用曲木做枅，则成为向柱头平身两侧伸出的“栾”了，所以文献说“曲枅谓之栾”。战国铜器上的宫殿图形有栌、枅或栌、栾叠置的形象，估计这种做法始创于春秋时代。

氏族社会时期的大叉手屋架，开始没有水平的拉杆，由于墐涂屋面荷载过重，常因水平推力而使墙体外倾。晚期可能有所改进，增加了拉杆——联系梁。奴隶制时代的宫殿更加高大，联系梁更成为必不可少的构件。周代的宫殿不但各柱之间都已用横梁拉住，整体构成了框架，而且由于建筑跨度加大，大叉手屋架不能满足稳定性的要求，遂在联系梁上设立短柱以加固顶部节点的支承。这种短柱，当时称为“棁”。棁的出现，使联系梁转变为承重梁，大叉手屋架亦随之迈开了向抬梁式屋架过渡的第一步。进而大梁（古称“宎㽌”）之上承棁，棁上置栌以承二梁，这便初步形成了后世所谓的抬梁的结构方式。

## 4 人工建筑材料的应用

奴隶制度的初期，继承原始社会的遗产，建筑材料方面仍使用土、木、沙、石等天然产品。随着社会生产力的发展和营造技术的提高，宫廷建筑工程中开始使用一些人工材料制作建筑构件。周代除了继续应用铜构件、饰件以及陶制的水管和烧制的石灰外，还发展了屋瓦。

夏、商两代宫殿的屋面都铺设茅草，这一做法古称“茅茨”。茅茨屋面质轻，保温、隔热性能好，檐部铺设或修剪整齐，也是很美观的；但其排水较差，而且需要年年维修。随着奴隶制生产力的发展，奴隶主统治阶级对建筑质量和审美享受的要求不断高涨，屋面遂有新的变革。殷晚期周人已开始用瓦，周原建筑遗址，是现在所知采用屋瓦最早的实例。从遗址看，瓦的数量较少，形制也较原始，推测只用于茅茨或灰背屋面的重点部位。瓦形已有仰瓦和俯瓦两种，瓦的凹面或凸面均分别设有陶桩、椎或陶环。大头陶桩与陶环一样是供系绳索使用的，这说明瓦的铺设，是扎结于茅茨或椽木上，而并非被黏结。另有桩形和椎形瓦钉，显然是为了便于插入泥背，这是晚期沙子灰抹面的灰背顶所用的。

周原扶风县召陈村的西周初至中期遗址，屋瓦数量和种类都有所增加，已出现了如后世所见的筒瓦和版瓦，说明铺瓦已采用泥土黏结，而且屋面坡度已经减小。其中一种小筒瓦制作细致，表面并刻有纹饰，是一种新的类型。这种装饰性筒瓦，到战国时期由于高台建筑和楼阁的盛行，屋盖高下参差，开拓了它被居高临下观赏的视野，因而得到进一步发展。

青铜材料的构件和装饰件，在东周时有很大发展。汉时称为“金釭”的建筑装饰，实物首次发现于春秋秦国雍城遗址的窖藏。从秦代金釭形制判断，釭的出现可能在西周时代。釭原是加固木构节点的构件，发展至春秋时期，已蜕变为壁柱、壁带及门窗上的装饰品。

春秋秦釭，用于壁柱、壁带上的类型主要有尽端型、中段型、外转角型、内转角型几种。它是在安装金釭的部位缠帛或加木楔加以固定；其安装部位除壁柱、壁带的交接处及中段外，还用于门窗上转角处，这就是后世“看叶”的雏形。

青铜的使用，除金釭外，春秋、战国时期的宫殿还大量使用青铜包镶柱子，荆轲刺秦王时，匕首就投在铜柱上。考古还发现许多战国时期的铜斗栱、铜门楣、铜门环铺首、铜铰链、帷帘和壁衣所用的铜环、铜钩等以及其他铜装饰物。

## 5 建筑装饰的多样化

这时已基本奠定了中国古典建筑装饰方式和处理匠意的基础。首先是色彩装饰。建筑色彩的处理，夏、商、周的宫殿各有不同的爱好，《礼记·檀弓》载：

"夏后氏尚黑"，"殷人尚白"，"周人尚赤"。这一习惯的形成和当时所掌握的涂料有关。奴隶制时代的建筑形制有严格的等级规定，建筑装饰上也是等级森严的。实际上，只有统治阶级的宫殿才谈得上装饰，为表示统治阶级内部的等级秩序，西周时期对此已作了礼制规定。在色彩的处理上，例如木构设色，据《礼记》载："楹（檐柱）：天子丹（朱红），诸侯黝（黑），大夫苍（青灰），士黈（音 tǒu，黄灰）"。墙面、地面色彩，一般内部墙面作白色粉刷，是所谓"垩"，文献记载是用"蜃灰"——贝介类烧制而成，内含类似石灰的一种钙盐。周天子宫室地面敷朱红涂料（可能以血掺和朱砂），称为"丹地"。

再就是壁画。《墨子》记载殷人"宫墙文（纹）画"，已经考古材料所证实——安阳小屯殷墟已发现壁画残片。实际上，早在原始氏族社会晚期即已创始了壁画的装饰方式，牛河梁红山文化女神庙遗址已提供了例证，周时有更大的发展，东周时秦咸阳北坂宫殿遗址已见到壁画；屈原《离骚》中描写了楚国庙堂的壁画，有神怪等题材，画面表现也十分富丽。

雕饰的采用。奴隶制社会生产力的发展，加以社会财富集中于少数奴隶主贵族手中，使他们所享用的建筑空前奢华。建筑上的雕饰，在原始建筑质朴的泥塑（例如牛河梁红山文化女神庙）基础上，进一步发展了木雕和石雕。青铜工具的使用，为木构件上的装饰处理创造了优越条件。这时在建筑上视野所及的主要部位，诸如门、窗、栏杆、梁、柱之类，多作雕刻并施彩饰。文献记载是"横木龙蛇，立木鸟兽"，这可从东周陵墓出土的家具和乐器架的雕饰情况得到了解。奴隶主的陵墓是模拟生前居住的宫殿修建的，殷墓椁板上的施彩木雕，便是宫殿装饰的写照。安阳出土的椁板雕刻题材，已发现的有虎或饕餮等象征威严的图案，色彩主要为红、白、黑三色。到东周时期木雕更加精致，色彩更加丰富了。

文献记载，周代宫殿椽头饰有玉挡，门、窗、梁、柱之类的木构件也镶嵌有玉、蚌、骨、牙材料的雕饰。周原凤雏建筑遗址的前檐一线，出土大量这类饰件，从而得到了证明。

建筑装饰是一种实用美术，它是在实用构件或设备的功能基础上加以美化而发展起来的。奴隶们在营造宫殿的实践中所积累的种种建筑装饰经验，为建筑艺术的发展作出了宝贵的贡献。建筑艺术方面的成就，主要是继承表现结构、美化结构的优秀传统，处理部件、构件的造型；其次是结合保护与加固土、木材料，而附加美丽的表面装饰。

# 十　秦帝国气吞山河的宫殿群落

公元前221年秦灭六国，建立了空前统一的国家。在历史上第一次真正实现了“普天之下，莫非王土；率土之滨，莫非王臣”的理想。秦王嬴政按传说中的“三皇”、“五帝”的至尊称号，把一国之君定名为“皇帝”，他自己为“始皇帝”，子孙世袭传承，则称“二世”、“三世”，以至“万世”；并且制定了一套尊君抑臣的朝廷仪礼。秦始皇帝废除了周代分封诸侯的制度，而建立确保中央集权的郡县制。

战国中期，秦孝公十二年（公元前350年）自雍迁都咸阳，当时咸阳宫殿南临渭水，北至泾水；到秦孝文王时（公元前250年），宫馆阁道相连三十余里。秦始皇时期在宫廷建设方面，早在建立统一大帝国之前，“每破诸侯，写放（仿）其宫室，作之咸阳北坂上。南临渭，自雍门以东，至泾、渭，殿屋、复道、周阁相属”（《史记·秦本纪》）。灭六国后，又役使“徒刑者”70多万人在渭河以南建造大量宫殿和骊山陵园。秦代的劳动匠师们，面临如何体现空前统一帝国的气魄和面貌的严峻课题，他们做出了杰出的创造。

在都城与宫殿的建设中，本着传统的天、地、人一体的观念，模仿天体来安排天子的驻地和住所。实际上形成了着眼于山川地貌的大环境，利用自然形胜来增助人工建筑的气势。这种把人为环境与自然环境统一起来考虑的规划设计，正符合现代科学的“环境设计”概念。远在2000多年以前，我们的劳动先民取得这样的成就，可以说是世界建筑史上的一个奇迹。

首先是大咸阳规划。由于国势发展、首都人口增加，加上灭六国后“徙天下豪富于咸阳十二万户”，因此秦始皇决定扩建国都，向渭河以南发展。京畿离宫着眼于“八百里秦川”，在关中大地东西八百里、南北四百里的范围内，“离宫别馆弥山跨谷，辇道相属；木衣绨绣，土被朱紫”（《三辅黄图》）。新朝宫的规划也拉大尺度，按照天体星宿进行安排，向南延伸咸阳城中轴线。在秦始皇即位的第二年，便在渭水以南建“信宫”，作为外朝；随后改信宫为“极庙”，以象征天极。从极庙开辟大道，通骊山北麓温泉宫，又建甘泉宫前殿，筑甬道通咸阳城。扩建北坂上的咸阳宫，“端门四达，以制紫宫，象帝居。渭水贯都，以象天汉；横桥南渡，以法牵牛”（《三辅黄图》）。在秦始皇三十五年（公元前212年），也就是他临死前两年，他“以为咸阳人多，先王之宫廷小”，遂决定在渭河以南的上林苑中建设新朝宫。“先作前殿‘阿房’，东西五百步，南北五十丈，上可以坐万人，下可以建五丈旗。周驰为阁道，自殿下直抵南山；表南山之巅以为阙。为复道，自阿房渡渭，属之咸阳，以象天极、阁道绝汉，抵营室也”。新建的规模宏大的新朝宫，其前殿叫“阿房”，后来人们就以“阿房宫”来称呼新朝宫了。看来，当时这座建设中的朝宫尚未命名，把前殿叫“阿房”，意思是“规模巨大的房子”，它似乎只是一个工程代号。唐代诗人杜牧作《阿房宫赋》，描写说：“覆压三百余里，隔离天日。五步一楼，十步一阁，廊腰缦回，檐牙高啄，各抱地势，钩心斗角。……长桥卧波，未云何龙？复道行空，不霁何虹？高低冥迷，不知西东。……”这虽属文学夸张的描写，但从现已发现的宫殿遗址来看，确是分布很广、很多的，而且大多是有长长的阁道相互连接。《阿房宫赋》忠实地反映了秦帝国朝宫的建筑艺术面貌。这种人为环境与自然环境相统一的规划设计，是极其宝贵的遗产。

这座庞大的新朝宫遗址位于今西安市以西 13 公里处的古滗河西岸，西至古滈河，南接西周国都丰、镐故址，北到渭河，与秦都城的咸阳宫隔岸相望。遗址主要散布在龙首原向西南延伸的台地上，地面仍然可见巨型夯土台——墉，部分夯土基址为农田或民居所叠压。这一遗址范围内，已查出十三处比较完整的夯土基址和五处残破的基址，总面积有 61 万多平方米。其中最大的朝宫前殿“阿房”和传说为秦始皇“望想台”的俗称“上天台”的遗址，已探出原来夯土台的范围。

“上天台”遗址在“阿房”遗址以东 400 米，现存高度为 14.98 米，现状呈不规则圆形，周长 230.4 米。其周围东西 400 米、南北 110 米的范围内，分布着

15820平方米的夯土基址。

在长安县纪杨寨以南、王寺以西的台地上，发现四处较完整的夯土基址，其中12号宫殿基址呈“凸”字形，东西265米、南北40米，是保存最好的一座。

## 1 新朝宫的前殿——“阿房”

前殿阿房的土台经考古勘查，实际范围是东西1320米、南北420米，残高在现地面以上7~9米。殿前（南）广场现存范围是：长770米、宽50米，广场南沿有四条甬路向南延伸。前殿中轴线直抵终南山对峙两峰之间，两峰上各立一阙。中轴线向北，建阁道跨渭河与咸阳北坂宫殿相连。

这座前殿是层层叠叠周阁环绕的庞大台榭，南面有四条阶道——陛，是上台的阶梯。两侧和后面也都有阶道和辇道，不但人行，而且车马也可以上台。台上面积之大是惊人的，自北宋沦为农田至近代，台上除了耕地，甚至还有四个村子！台上中间是“可以坐万人”的前殿主体殿堂，推测通面阔大概有200米、通进深大概也在50米左右。主殿左右还有许多配殿，后面还有供休息起居的寝殿之类（见图33）。

## 2 东海疆的“国门”——“碣石门”与“碣石宫”

秦始皇建立了空前统一的大帝国，体现“普天之下

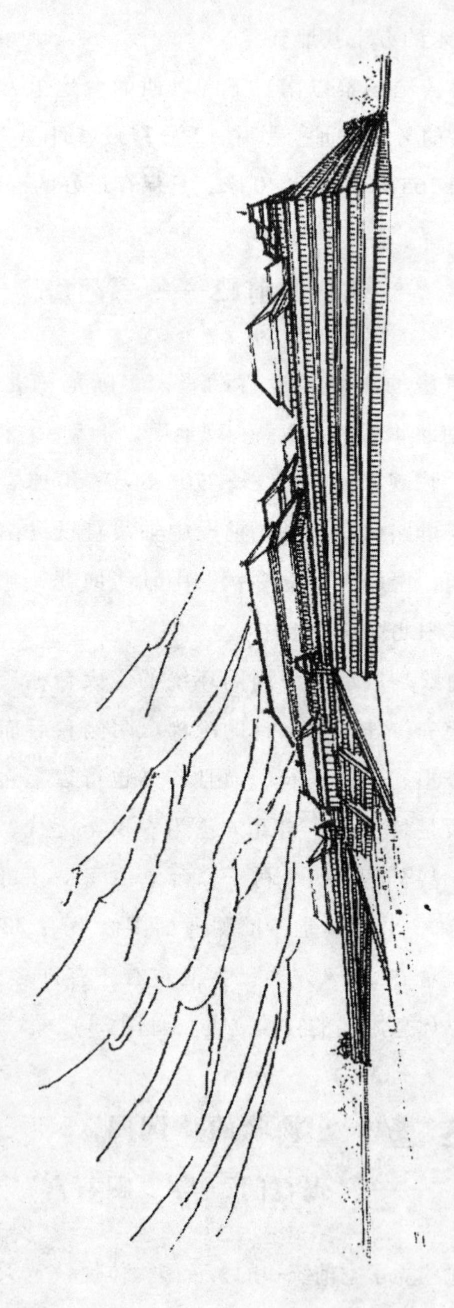

图 33 秦新朝宫前殿“阿房”复原想象图

莫非王土”的气概，他巡狩国土直至尽端——“东海”（渤海），并在这里建立“国门”——“碣石门”，以及礼仪性、纪念性的建筑群——“碣石宫”。《史记·秦本纪》：“三十二年（公元前215年），始皇之碣石，使燕人卢生求羡门高誓，刻碣石门。”这个“碣石”便是现在辽宁省锦西市绥中县万家镇墙子里石碑地海中的海蚀柱——“姜女石”，也叫“姜女坟”。当年这里正是燕地，海蚀柱是碣然而立的一对。两千多年来的地震、雷殛等自然力的破坏，使西边的一柱已经散落成三块巨石了。秦时这对峙的碣石完全像是门阙，秦始皇便命令题刻作为秦帝国的“东门”——“国门”，并用大毛石铺设了一条甬道，从海岸上一直到“碣石门”（见图34）。

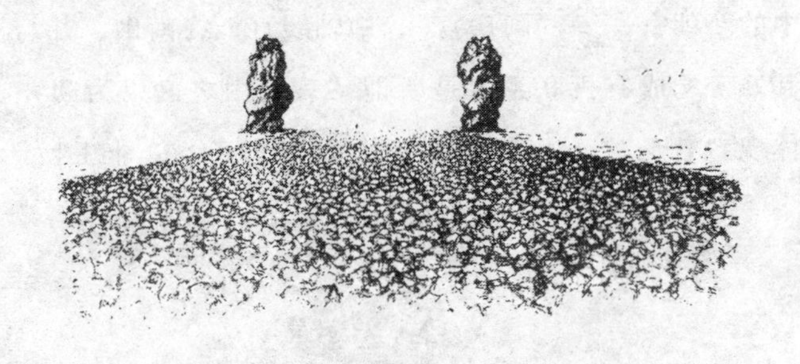

**图34　秦东海“碣石门”复原图**

墙子里石碑地海边，遵照碣石门甬道中轴线建了一座宫城——碣石宫，宫城中的主体殿堂即以“碣石宫”命名。《史记·孟子列传》记载：驺子“如燕，昭王拥彗先驱，请列弟子之座而受业；筑碣石宫，亲身往师之”。这段记载是说，战国时期，驺子到燕国，燕昭王按传统礼节抱着扫帚（表示洒扫整洁恭迎客人）率众迎接，并为他建了一座碣石宫，以师礼事之。碣石宫遗址出土有燕瓦，可证秦碣石宫就是在燕碣石宫的基础上扩建起来的。

秦碣石宫是一座宫城建筑群，现已查明15万平方米的宫城范围。碣石宫主体是战国时期盛行的台榭形制，主体部分的夯土台40米见方。以宫城为主体，在沿海14平方公里的范围内，尚布置有从属建筑。西侧2公里处的岬角——黑山头，有西阙楼遗址（已发掘，复原见图35），东侧相对应的部位——长岬止锚湾红石砬子上有东阙楼遗址（已遭严重破坏）。宫城以北瓦碴地，约为禁军营房遗址。秦代宫廷建筑着重于人工环境与自然环境相融合的大环境设计，首都大咸阳规划中的新朝宫——“阿房宫”，中轴线直抵终南山，并与其峰峦构成有机联系，是所谓“表南山之巅以为阙”；体现“普天之下，莫非王土；率土之滨，莫非王臣”

图35　秦东海国门“碣石宫”西阙楼复原图

的思想。在东海国土尽端设置的礼仪性、纪念性的碣石宫，同样是一个人工环境与自然环境相融合的大环境设计。如同新朝宫“表南山之巅以为阙”，碣石宫是表东海碣石以为阙。新朝宫的范围是从骊山直走咸阳，“覆压三百余里，五步一楼，十步一阁”（《阿房宫赋》），这虽是文学夸张之词，但考古材料证明确实是宫观相望、连绵不断的。东海之滨的碣石宫，目前所知的大致范围是：自河北省秦皇岛市北戴河区的金山嘴、横山遗址，直至辽宁省锦西市绥中县黑山头、墙子里和止锚湾红石砬子遗址，覆压不下40公里，这应是碣石宫一体工程，亦即碣石宫的总体概念。

在秦以前，东周列国虽同在广袤的大地上，却是各有其不可逾越的疆界。秦统一后，直至东海尽端的所有土地，都是秦国的天下。始皇帝巡视国土直至东海之滨，勒石刻铭莫不宣扬这种空前统一的思想意识。碣石宫的建置正是统一大帝国的象征。汉武帝承袭、巩固和发展中华统一大业，继续经营碣石宫。遗留至今的碣石宫遗址，仍不失其作为我们多民族统一国家的纪念丰碑，而继续发挥其团结、凝聚全国乃至全球华裔的作用。

# 十一　“非壮丽无以重威”——西汉宫殿

公元前206年，西楚霸王项羽兵破函谷关，屠咸阳城，烧秦国宫殿，火三月不熄。后来刘邦战败项羽，迫使项羽乌江自刎。公元前202年，刘邦称帝，建立了汉朝，他便是史称的“汉高祖”。汉初，刘邦暂住秦旧都栎阳城（今陕西临潼武屯镇一带）。高祖七年，丞相萧何在秦兴乐宫废墟上建成长乐宫；同年在其西侧创建了未央宫。

未央宫的第一期工程，包括东阙、北阙、前殿以及武库、太仓（见图36）。竣工后汉高祖刘邦来视察，见宫阙规模巨大，排场铺张，很是生气，训斥萧何说：现在天下大乱，打了好几年仗还不知道能不能得到天下，为什么把宫殿造得这么铺张？萧何说：“天下方未定，故可因遂就宫室，且夫天子以四海为家，非壮丽无以重威，且无令后世有以加也。”意思是：“天下大局就要定了，所以要就势造宫殿，四海之内都是你天子的家业，宫殿不搞这么大气魄，不这么华丽，怎么能表现出这种威风来？而且还得让后代没法超过才行！”刘邦听了便高兴起来。从此由栎阳迁居长安。

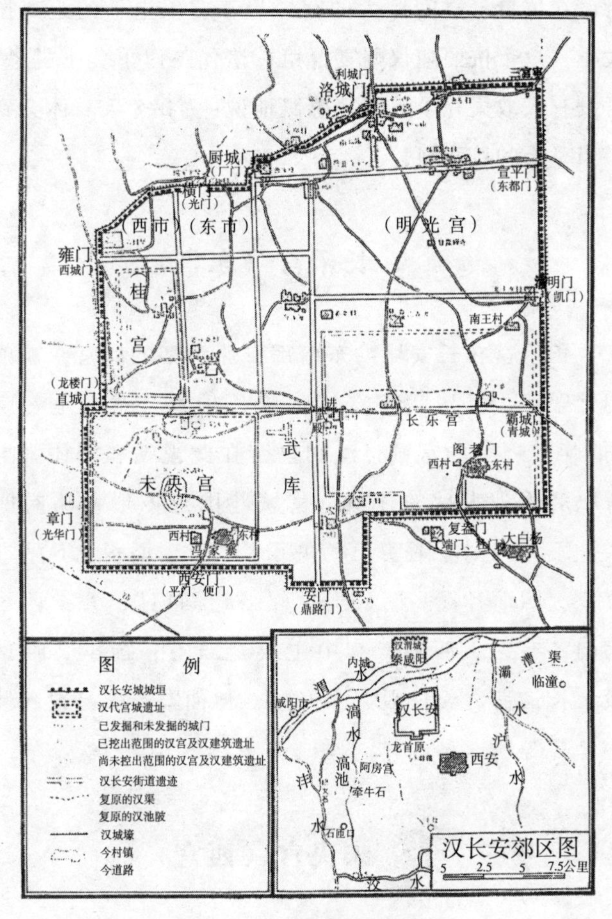


**图 36 汉长安城平面图**

的确，建筑环境对于人们的精神是有着巨大的感染作用的，壮丽的宫殿环境才能烘托出宫廷礼仪的威慑力量。《史记·礼乐志》记载，汉高祖刘邦即位之初，当年随他打天下，现已封王、封侯的“哥儿们”，朝见刘邦时，有的大声喧哗，有的不行跪拜大礼。高祖遂命叔孙通制定朝廷礼仪，到高祖七年长乐宫落成时，在体量、空间巨大的宫殿里，君臣上下的距离拉大了，皇帝按照朝仪赐宴群臣，诸侯王以下莫不震恐，再没有人敢失礼了。刘邦感慨地说："我今天真体会到了当皇上的尊贵呵！"

## 1 长乐宫（东宫）

长乐宫在长安城的东南部，原为秦的离宫，被项羽焚毁后，汉初就该宫址建成长乐宫。这也是一座"前朝后寝"的宫城，汉初皇帝在此视朝和居住。惠帝以后改为太后的住所。宫城范围近方形而略有凹凸，不太规则。围墙长度在万米以上，面积约 6 平方公里。四面各设一门，当时称"司马门"。东、西司马门各有东、西阙。宫中主要建筑有：前殿、临华殿、长信宫、长秋殿、永寿殿、神仙殿、永昌殿和钟室，等等。

## 2 未央宫（西宫）

未央宫在长安城的西南隅，相对东面的长乐宫（"东宫"）来说，当时又称"西宫"。初建宫时还没有筑城，汉惠帝元年（公元前 194 年）开始筑城。未央宫的建造，是先建东、北两面的司马门和阙以及作为宫城主体的前殿，陆续又增建天禄阁、麒麟阁、石渠阁等。在未央宫开工时，就在东墙外建造储备兵器的武库和贮存粮食的太仓。惠帝时，建有藏冰的凌室和纺织的织室；文帝时建了曲台、渐台、宣室殿、温室殿、承明殿；武帝时建柏梁台、高门殿、武台，在未央宫北建北宫、桂宫，在长乐宫北建明光宫，在城西郊建建章宫，并扩建上林苑，开凿昆明池。未央宫内逐年增建的建筑物：门有金马、白虎、长秋、青琐诸门；殿有椒房、漪兰、清凉、玉堂、金华、长年、凤凰诸殿；另外还有昭阳、增城、椒风各舍。未央宫内的宫殿，古籍录有名称的，不下 40 余座。考古勘查宫址范围近方形，宫墙东西 2250 米、南北 2150 米，周围总长 21 里多，与《西京杂记》记载“宫周二十二里九十五步”之数较为接近。未央宫总体规划仍是传统的“前朝后寝”，台榭式前殿是大台上的一组宫殿，前面的殿堂是前朝，后面建有皇帝的大寝——宣室殿；后宫则以皇后所居的椒房殿为主，所谓“椒房”，就是用花椒水和泥涂抹墙壁、地面等处。花椒是温馨香料，可以驱虫及恶气，有益卫生，同时还取其“花椒多子”的吉祥含义。后宫还另外有 14 位被称为“昭仪”、“婕妤”的嫔妃们居住的 14 处寝宫。

未央前殿遗址已作了局部试掘，殿北的皇后寝宫——椒房殿，已经考古发掘；石渠阁、天禄阁等也有所发掘。

未央前殿选址在龙首原上的一个丘陵，利用这块高地，部分切削，部分增筑，作为底面积为南北 400 米、东西 200 米的大台（墉）。台由南向北，层叠高起，现存大台北部最高处位于地表以上 15 米。

考古已清理了大台西部底层的若干堂、室，有书简、封泥等出土。南部第一层台、中间第二层台及北部第三层台上都已探得殿堂台基，最后面还有一层台，大台约为四层（见图 37）。一层台上的殿堂是前朝，也就是外朝，对照文献来看，它是皇帝登基以及婚、丧等大典和大朝之所。治朝也叫日朝或常朝，则在宫廷前殿建筑群的中间最大的一座殿堂里安排。殿内部分三段，皇帝平时多在东段即所谓“东厢”的堂、室上朝听政；岁旱祈雨、群臣奏事、与太子视膳等，也都在东厢进行。

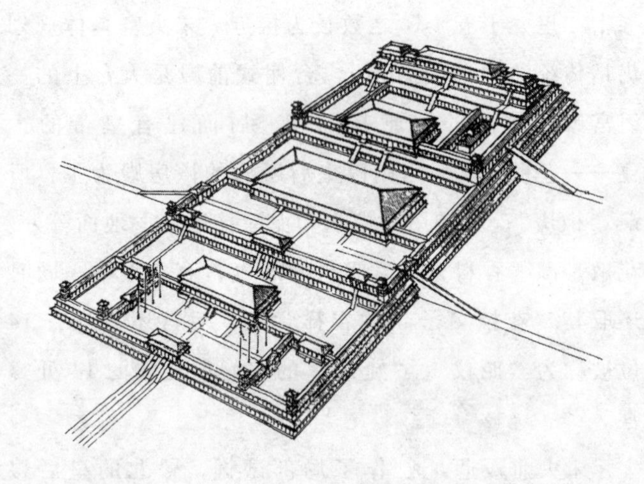

**图 37－a　汉长安未央宫前殿复原设想鸟瞰图**

第三层台上的殿堂为寝宫，即文献所记的“宣室”，或“宣室殿”。它也应作前堂后室布局，它相当于先秦时期所说的“燕朝”，国君与宗族、近臣们在这里议事或宴饮、娱乐。其东侧应有“东厨”，已钻探到上下台的服务通道。

图 37－b　汉长安未央宫前殿复原设想平视图

## 3 建章宫

建章宫在未央宫西、长安城西墙外，汉武帝太初元年（公元前104年）建。当时城内柏梁台失火，一个叫勇之的广东巫师对武帝说：按广东风俗，发生火灾后，便要再建更大的房子以压胜。武帝采纳了他的意见，下令造规模宏大的建章宫，号称“千门万户”。为了往返方便，自未央宫架设向西跨越城池的飞阁通建章宫，并建可行御辇上下的坡道。

建章宫在扩大的上林苑中，成为上林苑十二宫之一，《三辅黄图》等文献记载比较详细。宫墙周长30里，南面正门叫“阊阖门”，也叫“璧门”，门楼为三层，高30余丈，合70米左右。门楼屋顶上安装有铜凤凰，下面有机枢，随风转动。它不但是一个美丽的凤阙雕刻装饰品，而且还是一个看风向的风向标。阊阖门东侧有阙，高25丈，阙顶也装有铜凤。西侧为神明台，“上有九室，恒置九天道士百人”；并且“上有承露盘，有铜仙人舒掌捧铜盘玉环，以承云表之露，以露和玉屑服之，以求仙道”。宫内前部为宫廷区，后部为苑囿。宫廷区由内宫垣环绕，南面正门称“圆阙”，高25丈，顶上也有铜凤；其西为“别风阙”，高50丈；东侧为“井干楼”，高50丈。井干楼是在圆木叠置如井壁支护结构（井干）的木构高台座上建楼。圆阙南面正对阊阖门，北面正对相距200步的二门“嶕峣阙”；再向北，正对前殿。建章宫前殿很高，殿上可俯视未央宫。宫廷区内共有玉堂、神明堂、疏圃、鸣銮、奇华、铜柱、函德等二十六殿和骀荡、驳娑、枍诣、天梁、奇宝、鼓簧等六宫。宫廷区的西面为虎圈，内有唐中池。

北部为园林区，有大水面称“太液池”，池中有3丈长的鲸鱼石雕刻，业经考古发现。池中并有蓬莱、方丈、瀛洲三神山。池西北筑有“凉风台”，台上建观；池中又筑“渐台”，高20余丈。池边种雕胡、紫择、绿节之类植物；其间点缀凫雏、雁子以及紫龟、绿鳖；沿岸沙滩上豢养成群的鹈鹕、鹧鸪、䴔䴖、鸿鶂。池中植有荷花、菱茭等水生植物。水上有供帝、后、嫔妃们游玩的云舟、鸣鹤舟、容已舟、清旷舟、采菱舟、越女舟。《西京杂记》载：太液池西有孤树池，“池中有一洲，上椹树一株，六十余围，望之重重如车盖。”

此外，在长安城内，未央宫北还有桂宫和北宫；长乐宫北还有明光宫。城外重要的离宫有：长安西北300里的甘泉山（今陕西省云阳县境内）上，就秦朝的林光宫址建成的甘泉宫；还有上林苑中，“内、外宫馆一百四十五所”。班固《西都赋》说：“前乘秦岭，后越九嵕，东薄河华，西涉岐雍，宫馆百有余区。”

西汉长安宫殿建筑，仍继承战国至秦盛行的高台榭形制。它继承了秦的大环境设计原理和手法，在咸阳城内外，包括整个京畿地区，弥山跨谷一区区宫殿群都由辇道、复道乃至架空的阁道相连，气势恢宏。诸如：建章宫内“立神明台、井干楼，度五十余丈，辇道相属”（《史记·孝武本纪》）；“北宫有紫房复道通未央宫”（《汉书》）；又修起飞阁，自未央宫跨宫墙和直城门内大道而连接桂宫；用飞阁连起明光宫、长乐宫；从未央宫建蹬道跨越城墙通达建章宫（《西都赋》）；等等。各宫之间以立体交叉的通道相连，形成了特殊的仙境般的城市面貌。

西汉末年至新莽时期的宫廷建筑中，还有一类复古主义的礼制建筑，如长安南郊的明堂辟雍和王莽九庙等。

# 十二　东汉洛阳的宫殿

西汉被王莽篡位，改国号叫“新”，15 年后被汉宗室刘秀推翻，又恢复了汉家的天下。刘秀即皇帝位，史称“光武帝”，他迁都至洛阳，开始了“东汉”时期。

东汉初期洛阳的宫殿，还是按“面朝后市”的古制，布置在城内的南部，后来称作“南宫”；明帝时（公元 58 ~ 75 年）造了北宫，它与南宫之间有洛水横亘。南、北宫之间“相距七里，中央作大屋，复道三行；天子从中道，从官夹左右，十步一卫”（《汉官典职》）。北宫为大朝，正殿叫做“德阳殿”。北宫后面是宫廷园林——“濯龙苑”。南郊分别设立明堂、辟雍和灵台。北郊有奉祀山川神祇的“方坛”。

东汉是中国科技史上的重要时期，建筑也发生了重大的变化，作为当时最高建筑水平的宫殿，表现得最为明显。由于木结构技术的发展，梁柱构架的稳定性提高，促使原来以土结构为核心的土木混合结构向以木结构为骨干的土木混合结构转化，最终舍弃了大夯土台（墉），而直接在地面上建造宫殿群。也就是说，从东汉开始，宫殿基本上都是低矮的台基，空间体量也减小了。

西汉都城长安，是先建宫殿后建城墙而形成的城市，是缺乏统一规划的。城市中除长乐、未央等几座宫城外，所剩地方不多，大部分城市居民是在城外居住。东汉首都洛阳是在周代洛邑故城基础上扩建而成的，南、北二宫在城市中间，东西两侧布置东、西两市和市民居住区——里、闾，在城市机能上要合理得多。

# 十三　三国、魏、晋、南北朝的宫殿

东汉末年地方割据势力兴起，演化成魏、蜀、吴三国鼎立的局面。公元 263 年魏灭蜀；两年后司马氏篡魏，建立晋朝。280 年晋灭吴，结束了分裂局面，史称“西晋”。由于多年战乱，中原地荒人稀，西晋朝廷为了恢复生产，允许塞外从事游牧的少数民族移居中原经营农业。于是庄园经济和豪强势力得到发展，促成了拥有特权的门阀士族和皇室相抗衡。于是 300 年爆发了“八王之乱”；继之，匈奴、鲜卑、羯、氐、羌五个少数民族的豪酋混战，先后建立了十六国政权，迫使北方、中原汉士族和部分平民百姓南迁至长江下游。司马氏的晋政权也于 317 年南迁，史称“东晋”。经历了 103 年之后，相继被宋、齐、梁、陈四个汉族政权取代，延续了 169 年，史称“南朝”。在北方，五个少数民族中的鲜卑族拓拔部的北魏势力最强大，于 386 年统一了黄河流域，即史称的“北朝”，这便形成了南北朝对峙的局面。北魏政权推行汉化政策，任用汉人，发展经济，呈现出一时的安定与繁荣。后来统治阶级内部分裂，形成东魏和西魏；随后又分别被北齐和北周所取代。东汉末至南北朝的混乱局面，历时 369 年。从三国到南北朝这 300 多年间，可以说是宫殿建设史上的一个低潮，但宫殿建筑仍然有一些演变和发展。

## 1 三国曹魏邺都宫殿的“东、西堂”制度

三国时期连年战乱，政局不稳，各国所建宫殿都未作长久打算，规模远不如秦、汉。这时的宫殿不但建筑规模缩小，而且形制也有较大的变化，极少采用费工、费时的高台榭的式样，而是把原来建在大台上的殿堂建筑，直接建在平地上。从曹操的“魏王城”——邺城来看，朝廷建筑群规划将大朝、常朝和苑囿改为东西并列的布局，形成东、西堂制度。早在西汉时，长安城中未央宫前殿的庞大治朝宫殿，大朝使用它的中间，常朝使用其内部的“东厢”，这可以说是东、西堂布置的萌发。

邺城在今河南省安阳市东北，北临漳河。城市规模不大，东西七里，南北五里，有七座城门。用东西向的大道将城市横隔为南北两个部分（见图 38），北部为宫殿区，南部为居民区。宫殿区的大朝正殿在城市南北主轴线上，它的东侧布置常朝宫殿，西侧布置苑囿。邺城的苑囿即著名的铜雀园，其中铜雀台、冰井台、金虎台三台，由于唐人杜牧《赤壁怀古》的“铜雀春深锁二乔”诗句而名扬后世。三台在城西北

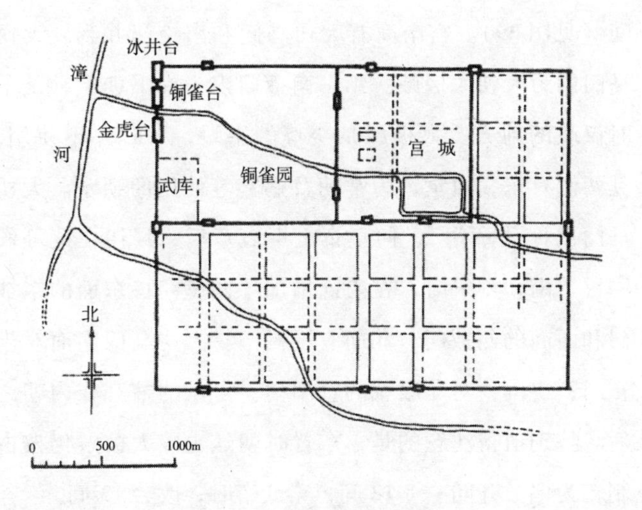


**图 38　曹魏邺城平面图**

隅，与城墙相结合，这种布置显然是出于军事目的。用现在的话说，是“平、战结合”，即平时为园林游乐之用，战时由于台上有给养贮备，可以防守待援。这是战乱年代中的特殊的坞壁式的宫苑创作。邺城在“十六国”的后赵时期，又扩建了南城及仙都苑；北齐时继续经营使用。

## 2　东晋建康宫殿

司马氏建立的晋朝迁到江南以后，定都在三国时期吴国的都城建康（今江苏省南京市）。咸和二年（327年），宫殿大部毁于“苏峻之乱”，咸和五年重新建设宫殿、禁苑和城池。新宫在吴的苑城内，叫做“建康宫”。宫城平面为长方形，宫墙周长八里，内外殿宇共 35000

间（见图39）。宫南面有大司马门和南掖门并列。大司马门内为大朝太极殿一组；南掖门内为尚书朝堂，是平时议政的地方。太极殿是至尊的主殿，平时并不使用，其两侧有东、西堂，为常朝及赐宴等使用的朝堂。大司马门也称“章门”，向皇帝上奏表章后，拜伏在此等候降旨。南朝刘宋时，在南面增加了两座门：东面的东掖门和西面的西掖门。北面有平昌门。大司马门南面对朱雀门；再南，对建康城的宣阳门。宫城的掖庭在内朝之后。特别值得注意的是，东晋时朝廷主殿太极殿仍按古制，为偶数开间——12间；梁武帝时，改为13间。

东晋建康宫殿仍然是大朝与常朝并列的东、西堂制度。建康城及宫殿，在隋灭后陈时被毁。

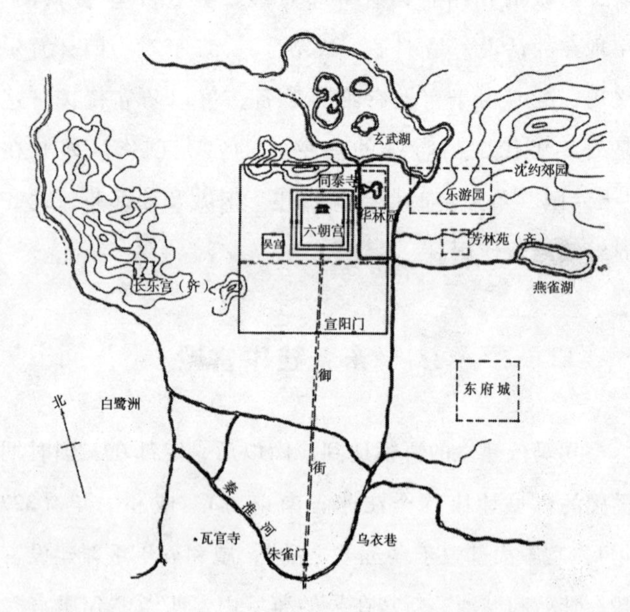


图39　东晋、南朝建康平面图（引自《中国古典园林史》）

## 3 北魏洛阳的太极殿——最早副阶周匝的实例

洛阳是东汉旧都，宫廷及苑囿都毁于汉末董卓之手。曹魏自邺城迁都洛阳之后，就原来的旧址予以重建、改建和扩建。西晋时仍建都洛阳，利用原有宫殿和御苑。北魏时，自平城（今山西省大同市）迁都洛阳后，统一了北方，使因多年战乱而被破坏了的社会生产力得以恢复和发展。作为首都的洛阳，经济、文化都很繁荣，城市人口不断增加，于是朝廷决定扩建都城。皇帝派人考察南朝都城建康的城市建设情况，参照制订了洛阳的新规划，于北魏文帝太和十七年（493 年），开始了大规模的城市改造和扩建工程。

经过这次大规模建设后的北魏洛阳城，在建筑史上具有划时代的意义。它具有内城、外郭两道城墙，城市的功能分区比以前汉、魏时期更加完备。内城中央的南北干道叫做“铜驼街”，靠近宫城前的一段街道两侧，为朝廷衙署。宫城南北约 1398 米，东西约 660 米。占据都城中心的皇宫的前面有朝廷衙署，后面有御苑，中间突出了皇权至高无上的威严。御苑在宫城和城市的最北部，毗连城北邙山，在军事上不但可以据守，必要时也便于向山区撤退逃离。这是吸取了邺城临近城垣布置御苑的经验，结合地理形势改进为沿中轴线南北布置，这样就兼顾了礼仪上和军事上的要求。这种贯穿都城南北主轴线的布局，奠定了此后中国封建都城规划的基础，确立了一种典型模式。

作为宫殿前朝主殿的太极殿，经考古试掘，已知是正、副阶形制，即在夯土台基的“正阶”四周，加上一圈木构架空的干阑式“副阶”。这是目前所知最早的一个“副阶周匝”的实例。此后不久，唐代长安大明宫前殿——含元殿，就是继承的这一形制。

总的来说，魏、晋、南北朝时期的宫殿，都位于都城中轴线的北部，而将秦、汉时期朝宫“前殿”称为“太极殿”，将东、西厢扩展为东、西堂。这种大朝太极殿与常朝的朝堂并列的制度，反映了东汉以后尚书台权力的提高，它作为中央行政权力机构而治事于朝堂。后来随着尚书台权位的下降，又从宫内机构变为宫外机构，东、西堂并列制度就又回到了“三朝”纵排的古制。按《邺中记》的记载，东魏邺南城为中轴对称格局，中轴线上由南而北布置的门阙为：止车门、重门、端门、阊阖门，这是外朝，“天子讲武、观兵及赦，登观临轩”；阊阖门以里即为太极殿，是为中朝；太极殿后，朱华门内为昭阳殿，即内朝。“每至朝集大会，皇帝临轩，百官列位，诏命仰听。”东魏邺南城宫殿规划的复古，成为隋、唐宫殿制度的先导。

# 十四 庄严富丽的隋、唐宫殿

公元581年，北周贵族杨坚废北周静帝，建立隋朝。589年，隋军南下灭陈，结束了三国以来长达300余年的分裂局面，中国复归统一。历史常常出现惊人相似的重演，正像历经春秋、战国时期的分裂之后由秦完成了中国的大统一一样，在三国至南北朝的分裂之后，由隋重新统一了中国。秦推行暴政及经济上的聚敛，二世而亡；隋朝第二代皇帝杨广穷奢极欲，暴政高压和搜刮民财，以致断送了政权，杨氏称帝仅三世而亡。618年，由李渊取代隋朝而建立了唐朝。短命的秦为国运长久而强大的汉家天下打下了雄厚的基础；短命的隋为国运长久并达到封建社会繁荣顶峰的唐朝打下了基础。仅是隋所积累的国库财富，直到唐亡时也还未用尽！

隋文帝杨坚比较爱惜民力、勤俭治国、革除弊政。所以隋初国势日盛，经济发展很快，社会安定，百业繁荣。杨广弑父即位，这位无道的暴君纵欲无度，横征暴敛，搜刮民财，大兴土木营建宫苑，劳民伤财游幸江南，并多次发动对外扩张的战争，致使民怨鼎沸，终于酿成农民起义以及各地官僚、豪强叛变割据的局面，结果李唐代兴。

隋建国之初，文帝杨坚于582年，命将作大匠宇文恺在汉长安东南规划、建设新都，命名“大兴”城。这一杰出都城的完善和知名度的提高是在唐朝，它便是举世闻名的唐长安城。尽管关中有“八百里秦川”的沃野良田，但作为首都地区的粮食和其他物资的供应，还要仰仗于江南。江南物资经黄河西运的中转要地是洛阳，这里同时又是军事要地，它对大兴（长安）有拱卫之势。因此隋炀帝杨广于大业元年（605年）亲自选定以伊阙为中轴的前沿、北邙山殿后，规划建设了“东都”洛阳城（大兴在洛阳的西面，称为“西都”），洛阳城有洛、伊、穀、瀍四水流贯城中，水源及水运都极便利。唐代因袭了隋东、西两都（或称“两京”）未改。隋、唐两朝分别在长安与洛阳建设宫殿，无论在规模上还是质量上，都达到了一个新的高峰。隋朝两都的规划和宫殿设计，都是由宇文恺主持的。他的创作水准之高无与伦比，他为中国都城和宫殿建筑的发展，作出了重大的贡献。隋大兴城、唐长安城的皇城位于城市南北中轴线的北部，皇城的前部是中央衙署，后部是宫城也就是大内（见图40）。宫城分中、东、西三部分，中间隋朝称“大兴宫”，唐朝改名为“太极宫”；东部为太子“东宫”；西部为宫嫔居住的掖庭宫。634年，唐太宗李世民在城北禁苑东部创建大明宫，并于高宗时完成。714年，唐玄宗李隆基把他登基前的府邸改建为兴庆宫。这样，唐长安便有

“三大内”：太极宫称为“西内”，大明宫称为“东内”，兴庆宫称为“南内”。这里，介绍唐时长安宫殿的情况。

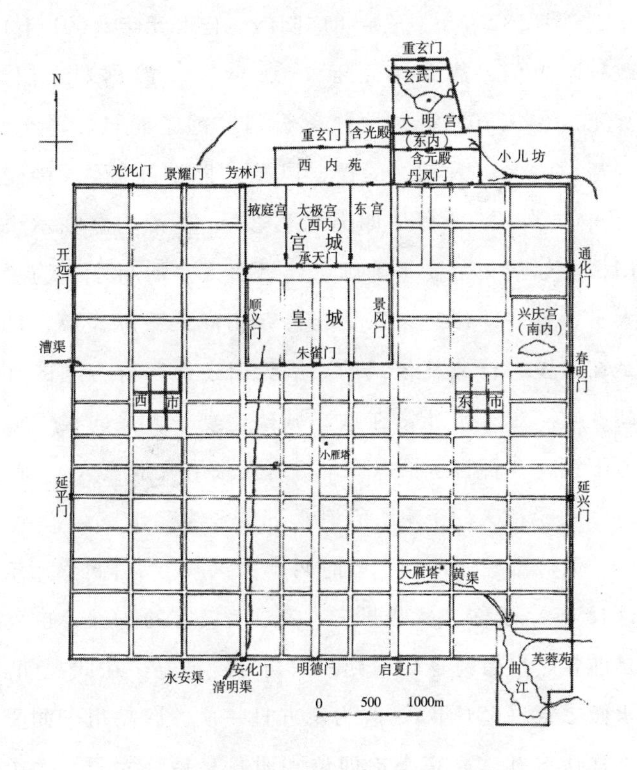


图40 唐长安（隋大兴）城平面图

## 1 太极宫（西内）

太极宫东西1285米、南北1492米，面积1.9平方公里，为北京明、清故宫面积的近3倍。正门叫承天门，它正对南面皇城正门——朱雀门。太极宫前殿为太极殿，中殿为两仪殿，后殿为甘露殿。这三大殿的两旁有大吉、百福等殿堂组成的对称布局，以及三四十组宫殿和山池院、四海池等园林。承天门建于隋开皇二年（582 年），开始叫广阳门，仁寿元年（601 年）改称昭阳门，唐武德元年（618 年）又改称顺天门，神龙二年（705 年）始称承天门。每逢元旦、冬至、登基、改元、大赦、受俘，以及“除旧布新”、接受“万国之朝贡”、宴“四夷之宾客”，皇帝均登临承天门楼。如隋文帝受平陈师献俘、唐太宗册封李治为皇太子、睿宗即位、玄宗受吐蕃宰相尚钦藏献盟等，都是在这里举行典礼仪式的。承天门还保留有古老的外朝性质。唐玄宗还常在这座城楼上宴乐，并向楼下抛撒金钱，令百官争拾以取乐。唐人张佑《退宫人》诗，有“长说承天门上宴，百官楼下拾金钱”句。

太极殿建于隋初，当时叫“大兴殿”。唐武德元年（618 年）改称“太极殿”。它是太极宫的正殿，也就是前朝。皇帝每逢望、朔——初一、十五，在此视朝。永徽二年（651 年），改为每五日一次。唐高祖李渊受隋禅让典礼，高宗李治即位和册封皇后、太子、太子妃、诸王、王妃、公主，以及赐宴百官、使节等礼仪，也多在此殿举行。高宗以后，则主要使用大明宫的含元殿了，但遇登基、大殡等大礼，如德宗、顺宗、宪宗、敬宗登基，代宗、德宗葬礼，还是在此殿举行。太极殿北为隋的中华殿，唐改称“两仪殿”。高宗以前，皇帝在此殿常朝视事，殿内不设仪仗，君臣不拘大礼，比较随便地议政。唐太宗曾多次在此殿宴五品以上官员及突厥、吐蕃等藩使；唐初帝、后驾崩也多殡于此殿。两仪殿北的甘露殿，是皇帝读书的地方。中宗时，让学士们值此殿，以便于顾问。

隋、唐时期，朝廷宫殿的布局已是沿南北中轴线纵向排列，在原则上回到了儒家所推崇的周朝制度。

## 2 威名远扬的大唐帝国朝宫前殿——大明宫含元殿

大明宫位于唐长安（隋大兴）城北禁苑东南的龙首原上，是唐太宗初年给太上皇避暑建的“永安宫”，九年正月改名“大明宫”。高宗时，因大内（太极宫）地势低下潮湿，他为了养病住在大明宫，改名“蓬莱宫”，在这里听政。神龙元年恢复“大明宫”名称。所以从高宗开始，这里成了重要的朝宫，其南部为宫廷区，北部为宫苑区。宫里人把这里称作“东内”，太极宫称作“西内”，玄宗时建的兴庆宫则俗称“南内”。

大明宫占地 32 公顷，“北据高原，南望爽垲，每天晴日朗，终南山如指掌，京城坊市街陌俯视如在槛内”（见图 41）。含元殿是大明宫外朝正殿，也称“正衙”，建在“龙首山”高地上。隋朝在这里建有皇帝检阅骑射的观德殿，俗称“射殿”，含元殿就是利用这座殿的高台基座改建而成的。

含元殿面阔 11 间，进深 4 间，外加周围副阶，所以看起来像是面阔 13 间的大殿，通长约 68 米，通进深 6 间约 29 米，异常宏伟壮观；再加上两翼阁道和阁

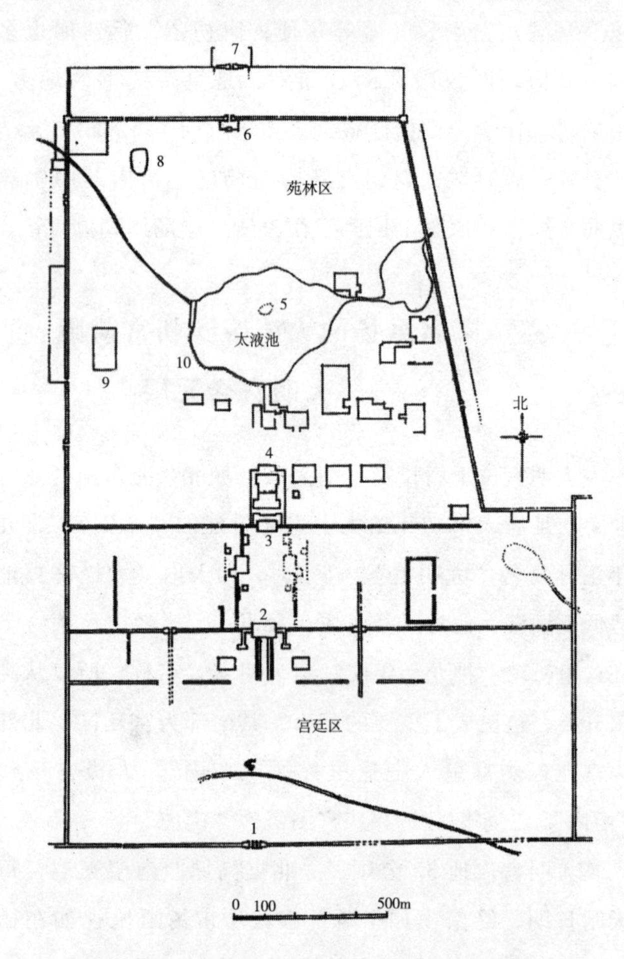


**图 41　大明宫重要建筑遗址（摹自《中国古代建筑史》）**

1－丹凤门　2－含元殿　3－宣政殿　4－紫宸殿
5－蓬莱山　6－玄武门　7－重玄门　8－三清殿
9－麟德殿　10－沿池回廊

道转折处的钟、鼓楼，以及阁道相连的“翔鸾”、“栖凤”两阁的衬托，共同组成隋代建筑大师宇文恺的“五凤楼”的组合形制；另有三层高台，初建殿设两条各74米长的“龙尾道”(上殿的坡道);大约在咸亨年间龙尾道改为东西两阁前盘上。所有这些，都使该殿显得庄严、富丽，完全体现了当时作为世界大国的大唐帝国的气魄!(见图42)。

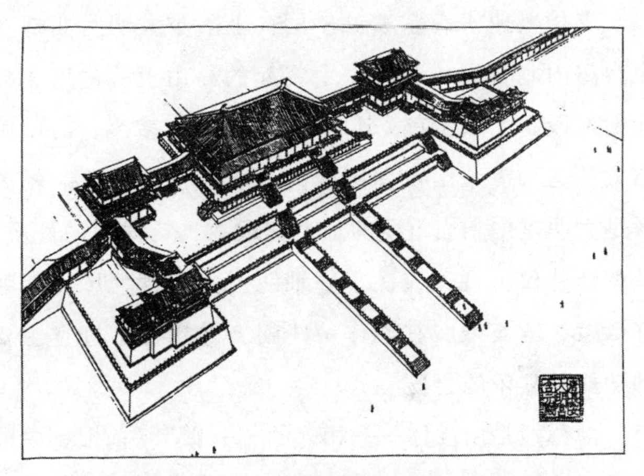

**图42-a 含元殿创建时原鸟瞰图——咸亨元年以前的南正面龙尾道**

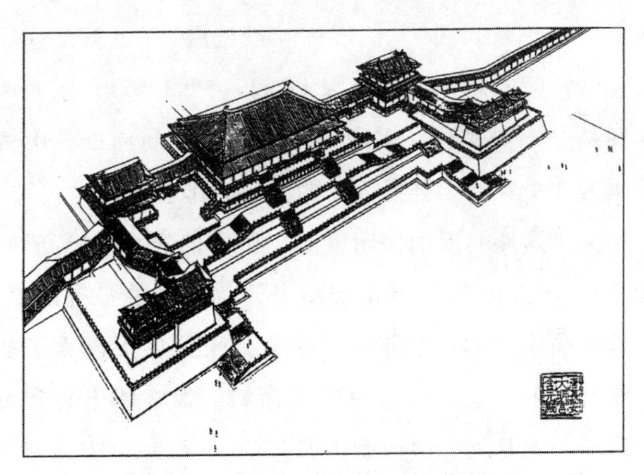

**图42-b 含元殿龙尾道改造以后的复原鸟瞰图——两阁前盘上的龙尾道**

## 大明宫著名的“三殿”——麟德殿

麟德殿建于高宗麟德年间，坐落于大明宫西部右银台门内龙首原的北坡一个突起的高山上。这里比含元殿地段高5米左右，比太液池岸高10多米，可以俯瞰太液池、蓬莱山及周围殿阁亭廊的优美景象。麟德殿是大明宫中相当重要的大型宫殿，具备内朝的性质，从朝廷礼仪上说，仅次于中轴线上大朝含元殿、常朝宣政殿、紫宸殿。它也作一些朝会之用，不过它主要的功能是宴乐的会场。

麟德殿是由主体——相连的“三殿”（前殿、中殿和后部障日阁），以及左右从体——对称的东西两亭，郁仪、结邻两阁以及附属廊庑所组成（见图43）。主体上层为“景云阁”。前殿称“麟德殿”，也就是这座组合体宫殿的总称。它面阔11间（58.3米），东西两尽间是夯土墙实体，实际使用面积是9间面阔。中殿分隔为3个穿堂，登景云阁的楼梯也在这里。

关于这座宫殿的使用情况，在《旧唐书》、《册府元龟》、《唐会要》、《南部新书》等典籍中多有记载。例如：高宗“永隆二年正月十日，王公以下以太子初立献食，敕于宣政殿会百官及命妇。太常博士袁利贞上疏……上从之，改向麟德殿”。又，穆宗长庆二年三月戊申，“裴度来朝，对于麟德殿”。还有许多诸如李绛等宰臣奏对以及藩臣觐见、命妇朝参、公主出降等

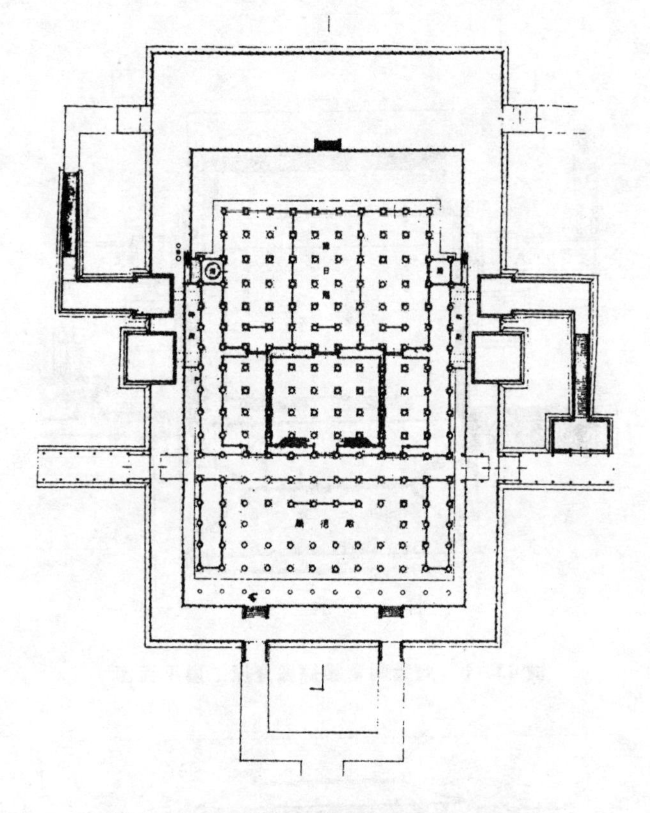

**图 43－a 唐大明宫麟德殿复原一层平面图**

典礼在麟德殿举行的记载。这类活动所使用的是被称做“麟德殿”的前殿。其他佛、道法事也有以此殿为会场的，例如“上元二年九月……上于‘三殿’（麟德殿的代称）置道场，以内人为佛、菩萨，宝装饰之；北门武士为金刚、神王，结彩、被坚、执锐，严侍于座隅”。至于大小各种宴会，除使用前殿外，大多在景云阁、障日阁及东亭进行。如高宗“乾封元年……四月甲辰，帝至京师，先谒太庙，是日御景云阁宴群臣，

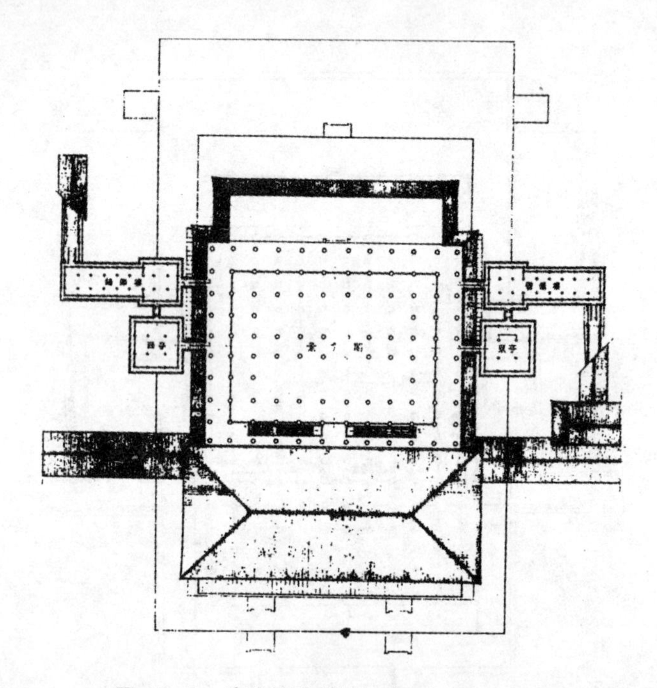

图 43－b　唐大明宫麟德殿复原二层平面图

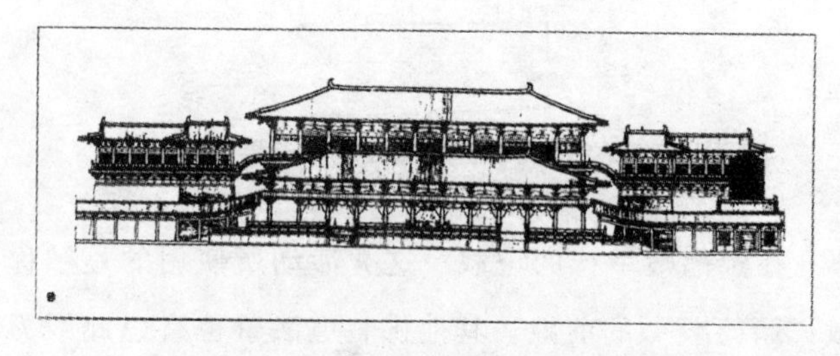

图 43－c　唐大明宫麟德殿复原南立面图

设九部乐，颁赐采各有差”；“上元元年九月辛亥，百官具新服上礼，帝御麟德殿之景云阁以宴群臣”。另外有些在麟德殿举行宴会的记载，虽然没有指明具体殿堂位置，但从其规模可以判断，大型宴会多是在景云阁举行的。例如：德宗贞元四年“宴群臣于麟德殿，

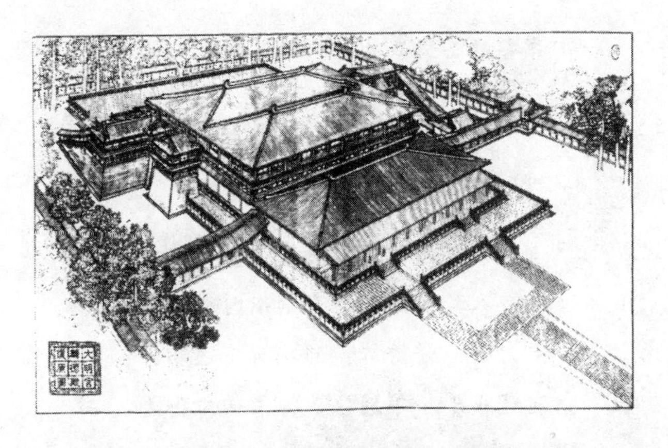

图 43－d　唐大明宫麟德殿复原图

设九部乐，内出舞马，上赋诗一章，群臣属和”；宪宗元和十三年二月，“御麟德殿，宴群臣，大合乐，凡三日而罢”；十四年八月，“宴田宏正与大将、判官二百余人于麟德殿”。规模最大的一次宴会，可能就是代宗大历三年赐宴剑南、陈、郑的神策军将士 3500 人，这次应该是同时利用前殿、中殿、障日阁、景云阁，甚至还有廊下和庭院。规模最小的曲宴，像贞元十二年，德宗皇帝宴宰相则是在东亭。一般宗族、命妇的内宴，多是在障日阁进行的。

在麟德殿宴会群臣的情景，可从张籍的七言律诗《寒食内宴（二首）》得到一个感性的印象。

其一：

朝光瑞气满宫楼，彩纛鱼龙四面稠；

廊下御厨分冷食，殿前香骑逐飞毬；

千官尽醉犹教坐，百戏皆呈未放休，

共喜拜恩侵夜出，金吾不敢问行由。

其二：

城阙沉沉向晓寒，恩当令节赐余欢，
瑞烟入处开三殿，春雨微时引百官；
宝树楼前分绣幕，彩花廊下映华栏；
宴筵戏乐年年别，已得三回对御看。

## 4 隋避暑离宫——仁寿宫（唐改称“九成宫”）

仁寿宫位于隋都大兴城西北350公里，今陕西省麟游县的山里，建于隋文帝杨坚时期。杨坚要求不必铺张，但实际上建造得非常奢华。在山林风景区中建造宫苑，首先要填谷涧沟壑铺路或架桥，以运输建筑材料。这和当时筑长城的工程一样，死伤了大量的劳工，尸体就混同土石方工程填到沟壑中了。惨无人道的代价换取了建筑大师宇文恺这个划时代的离宫杰作！杨坚最终卧病在这座仁寿宫中，他的儿子杨广来探望病情，据说为他父亲“紧一紧发冠的带子”，皇帝便“驾崩”了。杨广如愿以偿地继承了皇位和他父亲的嫔妃们。

仁寿宫占据天台山上下，宫城依山逐势，周长一千八百步，外围缭垣更加辽阔（见图44）。隋亡宫毁，

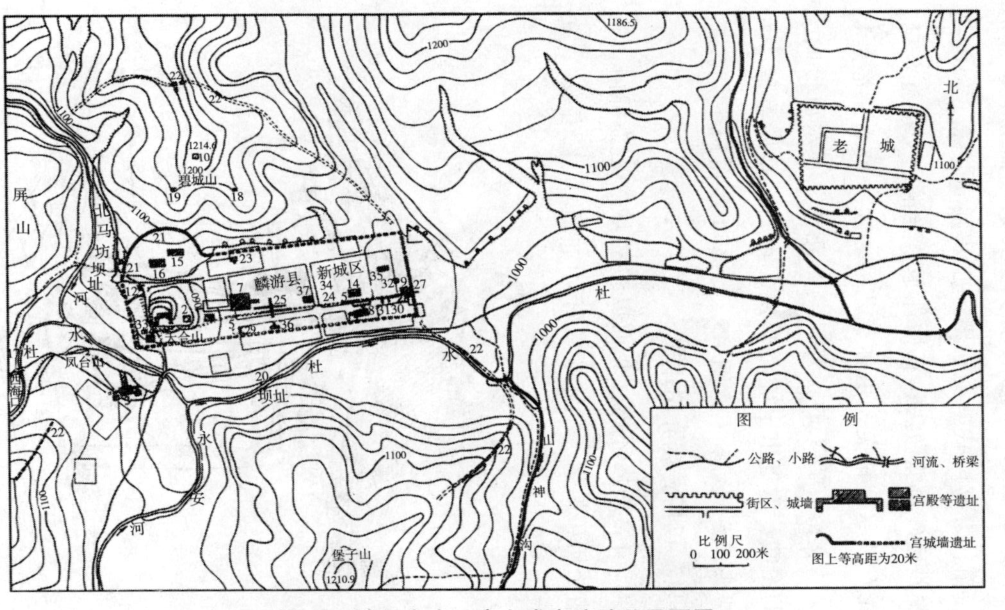


图 44　隋仁寿宫·唐九成宫遗址总平面图

唐太宗贞观五年（631 年）加以修复，改称“九成宫”，两年后改名“万年宫”，乾封二年（667 年）又恢复“九成宫”名称。当时鉴于隋的淫奢亡国的教训，唐初修复工程从简，考古发掘所见遗迹证实了这种情况。隋仁寿宫时代宫苑、殿宇工程质量极高，殿阁高台都是磨砖对缝做法；石构件平整光滑，交接有企口，莲花石础雕刻精美，堪称工艺品。连一口水井都是精心设计、精心施工的：井口刻有花槽，存水后形成美丽的图案；附近出土完整鸱尾，可知井亭屋盖是“并厦两头造”形制（见图 45）。这口井在唐太宗发现“醴泉”以后，废弃不用了。

仁寿宫四周环山，北面以“碧城”山为屏障，青风诸峰历历如画。主体殿堂隋朝时叫做“仁寿殿”，唐

**图 45　隋仁秦宫（九成宫）井亭复原图**

朝改称“丹霄殿”，坐落在碧城山前延伸的一个平顶小山——天台山上，殿两侧由对称向前伸出的廊庑连接东、西两阙楼。从这里俯瞰山下，殿宇和拦河形成的湖泊美景尽收眼底（见图46）。南边迎面是青莲山，东部为白臼山，西部有凤台、屏山。

**图46　隋仁寿宫·唐九城宫天台山主体建筑仁寿殿（丹霄殿）示意图**

唐贞观六年四月，太宗在九成宫避暑休养，一天在西城墙边见土湿润，用拐杖拨土，有泉涌出，泉水清洌甘甜，可以治病健身，遂命名为“醴泉”，并在泉边立“九城宫醴泉铭”碑，以纪念此事。“醴泉铭”由政治家魏徵撰文、大书法家欧阳询书写，以“双绝”闻名于世。万幸的是这通碑仍然放在原处，可供人瞻仰。当年从醴泉处修了石渠，引水到宫城各处，提供了理想的生活用水。“醴泉铭”描写九成宫的情景是：“冠山构殿，绝壑为池；跨水架楹，分岩竦阁。高阁周建，长廊四起；栋宇胶葛，台榭参差。”对照唐李思训、李昭道父子所画的《九成宫图》以及考古探查与发掘的遗址来看，与事实基本相符，证实了九成宫确是一座十分壮丽、清幽的宫苑杰作。其宫殿建筑与山水的密切结合，已成为后世宫苑仿效的楷模。特别值得注意的是九成宫天台山主殿以西，还发现了太湖石假山的遗存。这是最早的太湖石叠山实例，恰可印证白居易《太湖石》诗的描述。这座离宫不足之处是，在工程上没能有效地控制湖水，曾经几次暴雨山洪下泄，湖水急剧上涨，将滨湖的殿堂、水榭淹没。史籍记载，一次夜里唐高宗睡在湖边水殿里，突然水涨，幸好在西城门巡夜的禁军首领薛仁贵发现情况后及时救驾，为此立功而受到重赏。

# 十五　秀丽典雅的两宋宫殿

后周大将赵匡胤“陈桥兵变”、“黄袍加身”，登基称帝，建国号叫“宋”。史称宋朝前期为“北宋”；后期南迁，称“南宋”。

## 北宋东京城的宫殿

北宋首都东京城（洛阳为西京）即“汴梁”，也称“汴京”，就是现在的河南省开封市。唐朝时，是汴州府驻地；五代、十国时期，曾作为后晋、后周的都城，称为“东京”。

东京的大内宫殿，是在原来后晋、后周时宫殿基础上扩建而成的。后晋、后周的宫殿是利用唐朝汴州节度使治所，规模不大，对于苟安的小朝廷来说，勉强可以了。宋建国之后，于建隆四年（963 年）进行了扩建。

东京共有三重城墙：核心是宫城（也叫皇城），外围是内城（旧城），再外围是外城（新城）（见图 47）。外城周长五十里一百六十五步，是市民居住区和市肆。

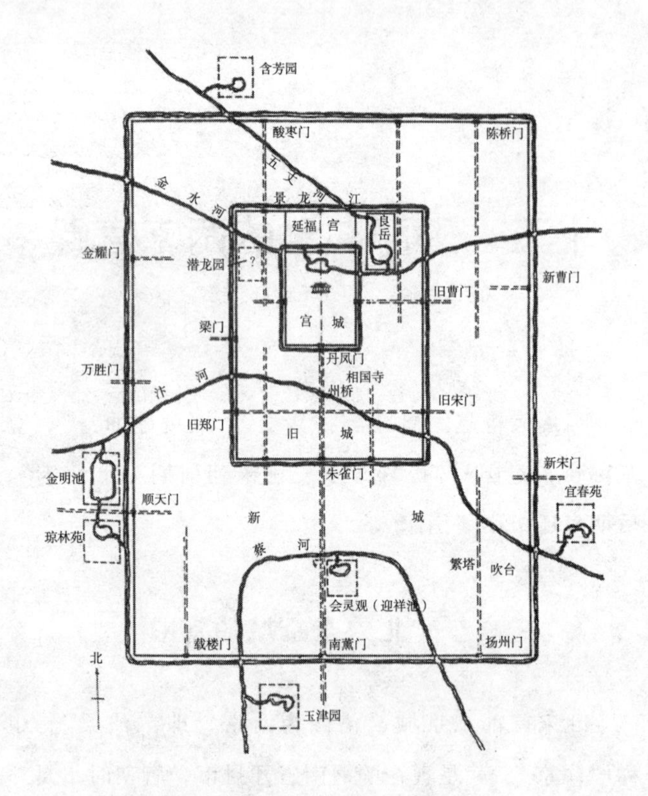


**图 47　北宋东京城平面示意图**
**（引自《中国古典园林史》）**

内城除少数民居外，主要为官署、王府、寺观。宫城四角有角楼。南面有三门，中央为“五凤楼”型的丹凤门。这座城门的墩台呈“凹”字型，中间五个门道，左右有掖门，上面的城楼叫“宣德楼”，所以这座城门也叫“宣德门”。两翼前伸有对峙的两阙楼，转折处有朵楼。宫城的东、西墙有东华门和西华门；北面有玄武门（拱宸门）。丹凤门往南到朱雀门，是“天街”，也叫“御街”；两侧建御廊，后来元、明、清皇城外的

“千步廊”就是继承这一形制。天街一直通向外城的南薰门，构成中轴大道。宫城仍是传统的“前朝后寝”格局。前部外朝的正殿为面阔九间的“大庆殿”，东西各有五间的配殿。殿后是常朝的紫宸殿一组，其西侧有与之平行的文德殿和垂拱殿两组，作为日朝和宴饮之用。再往后，便是寝宫和内苑了。

宋代主体殿堂为“工”字形平面，它的形成是因为唐朝官署大堂作“工”字厅形式，叫做“轴心舍”，而这里原为唐的州治衙署，主体厅堂为“工”字形平面，所以五代、十国沿袭至宋未变，元代有所继承。徽宗政和三年（1113 年）在宫城正北至内城北城墙地段增辟了御苑——延福宫；政和五年，又在内城东北隅建设“上清宝箓宫”；政和七年在宫内建“万岁山”，既成，改名为“艮岳寿山”；后又挖池；宣和四年（1122 年）建成了这座自然山水景象的宫苑。宫门额题“华阳宫”。

宋朝的宫殿没有保存下来，至今也没有发掘遗址，所以还没有实例。北宋有位画家张择端写生画了首都东京汴梁城（今河南省开封市）外的一座行宫——琼林苑的金明池，为我们提供了翔实的形象资料。琼林苑金明池是皇家“四苑”中惟一开放的游览胜地。琼林苑在汴梁外城西墙新郑门外大道南，乾德二年（964 年）创建；太平兴国元年（976 年）又在道北开凿大池引汴河水灌入，形成“金明池”新区。琼林苑一进大门，道边都是古松怪柏，两旁有石榴园、樱桃园之类，其中都置有亭、榭。苑东南部有几十丈高的土山——华背冈，“上有横观层楼，金碧相射”。山下为“锦石缠道，宝砌池塘，柳锁虹桥，花萦凤舸”。其花皆素馨、茉莉、山丹、瑞香、含笑、射香，大部分都是浙江、广东、福建进贡来的名花。在花丛之间布置着梅亭、牡丹亭等。苑内还有射殿，殿南为球场，“乃都人击球之所”。每逢大比之年，殿试发榜之后，皇帝照例在这里赐宴新科进士，称“琼林宴”。

金明池周长九里三十步，原为宋太宗检阅“神卫虎翼水军”进行操练的地方，后来改作观赏龙舟夺标水嬉的园池。据《东京梦华录》记载：池南岸正中筑高台，台上建宝津楼，楼南有宴殿，殿东有射殿及临水殿。宝津楼下架仙桥连接池中央的水心殿。仙桥是木结构的中央隆起的虹桥，朱漆栏杆，下排雁柱。池北岸接近中部有“奥屋”，即停泊龙舟的船坞。

金明池每年三月定期开放，允许百姓来参观，叫做“开池”。到上巳（三月三），皇帝车驾临幸来观看“水嬉”完毕，金明池即行关闭了。对面琼林苑也同时开放，所有殿堂都可以入内参观。每逢水嬉开池的日子，东京市民倾城来看热闹，也允许商贩摆摊叫卖和卖艺人表演杂耍百戏。当时的画家张择端所绘的《金明池夺标图》，忠实、生动地描写了这一场面（见图48）。池东岸宽阔，树木茂盛，游人较少，作为捕鱼区，但“必于池苑所买牌子方许捕鱼。游人得鱼，倍其价买之，临水斫脍，以荐芳樽，乃一时之佳味也”。

图 48 金明池夺标图

## 南宋临安城的宫殿

北方女真族建立的金国南侵，占领宋都东京，掳去徽、钦二帝。宋的宗室和官员南下至今河南商丘，拥立赵构即帝位，即史称的“高宗”，建都称“南京”，这便揭开了史称的“南宋”史页。南宋高宗又继续南迁到江苏的扬州；最后退至浙江的杭州，定都为“临安”，才算稳定下来。

临安是因就吴越和北宋杭州旧城，增筑内城和外城的东南部而扩建成的（见图 49）。内城就是宫城或叫皇城，位于城南凤凰山东麓，原为吴越时府台及北

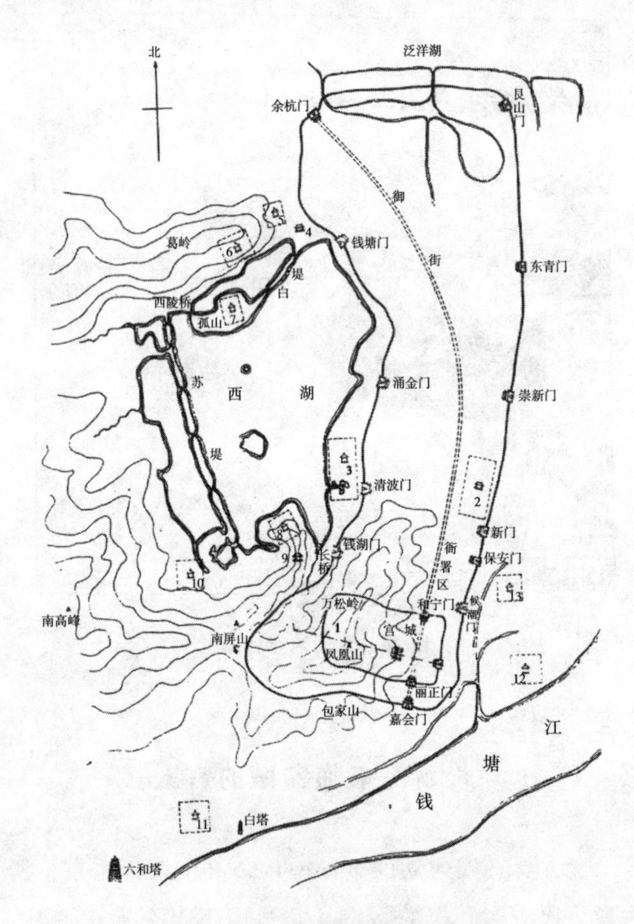


**图 49　南宋临安主要宫苑分布图**

1－大内御苑　2－德寿宫　3－聚景园　4－昭庆寺
5－玉壶园　6－集芳园　7－延祥园　8－屏山园　9－净慈寺
10－庆乐园　11－玉津园　12－富景园　13－五柳园

宋杭州州治子城旧址。宋建炎元年（1127 年）改为宫城，称“南内”。据《武林旧事》等书籍记载，宫城周回九里，比北宋的宫城小多了。南面正门叫“丽正门”，东有“朝天门”，北有“和宁门”。和宁门外为衙署区。宫内布局基本是前部宫廷、后部禁苑，“共有殿三十、堂三十二、阁十二、斋四、楼七、台六、亭九十、轩一、观一、园六、庵一、祠一、桥四”。前朝只有两座主要殿堂，《宋史》、《梦粱录》、咸淳《临安志》等书籍所记载的文德殿、紫宸殿、大庆殿、明堂殿、集英殿等，其实多是同殿而异名，根本不再是“三朝五门”的传统宫殿制度了，只是偏安政权的权宜之计。大庆殿两侧有朵殿，西朵殿称“垂拱殿”，是常朝使用的。此外，还有复古殿、福宁殿、熙明殿、勤政殿、嘉明殿等几座小型殿堂。按照“前朝后寝”布局，皇帝寝殿及后、妃居住的后宫和御苑，都在北部，太子东宫在南内的东北部。南内由于地处山林风景区之中，所以看起来像是离宫一样的园林化环境。“北内”德寿宫在望仙桥，是高宗赵构引退后住的地方。他的儿子（孝宗）即位后，为满足高宗林泉、楼台的园林享受，专门建造的这座规模不小的宫殿。两宋宫殿都没有保存下来，不过从现存宋代寺院建筑和宋画中可以想象其华丽的程度；北宋《营造法式》一书记载了各种宫廷建筑的规格、做法，建筑技艺是高水准的，已有一套制度化、标准化的成熟规范。宋代宫殿不求体量的庞大、宏伟、庄严，而求造型繁复和精美，形成了一种秀丽、典雅的风格。

# 十六　北方游牧民族政权的辽、金、元三朝宫殿

宋时中国北方地区的契丹族建立了辽国，不久女真族建立的金国兴起。辽设立了“五京”，以临潢为“上京”（今内蒙古巴林左旗林东镇南）、辽阳为“东京”、大同为“西京”、大定为“中京”（今内蒙古宁城县西）、析津为“南京”又称“燕京”（今北京市西部）。金朝国势强大后灭掉了辽和北宋。金初，以上京会宁府（今吉林省阿城南）为国都。上京地偏北方，气候寒冷，为了进取中原，于金贞元元年（1153 年）由上京迁都到南京（燕京），改名为“中都大兴府”。金朝皇帝命右丞相张浩仿照北宋东京的规划扩建原燕京城。1234 年北方蒙古族兴起，灭掉金朝，蒙古蒙哥汗六年（1256 年）忽必烈在滦河以北筑城建宫，3 年告成。中统元年（1260 年）定名“开平府”；四年，称“上都”（今内蒙古正蓝旗东闪电河北岸）。1264 年定都燕京，沿袭金朝仍称“中都”。1267 年开始，以中都东北的琼华岛离宫为中心，建设新皇宫。1271 年蒙古可汗仿照汉族习惯称帝，并建立元朝，统一了中

国。1272 年命汉人刘秉忠和阿拉伯人也黑迭儿主持在琼华岛新皇宫周围规划新国都——大都城，历时 8 年建成。

辽、金、元三朝同属北方游牧民族的政权，这三朝的共同之处都是注重文化的提高，统治者学习汉文化、任用汉人，以图进取中原、建立全国性的政权。所以，辽、金、元三朝在统治方法和宫廷典章制度方面，都采取汉族的传统；宫殿也基本上采取汉族传统宫廷形制，但是其中也反映出游牧民族的观念和习俗。

## 1 辽上京的宫殿

辽上京的宫殿是天显元年（926 年）所建，遗址在内蒙古巴林左旗林东镇南二里。上京分南北两城，北城为皇城。皇城东西长 2200 米、南北宽 2000 米，东、西、北各有一门，都设瓮城。皇城内，中部有连接东、西宫门的横路，路北利用高地建成 500 米见方的宫殿区。宫殿区内正中是一个前为长方形、后为圆形的主殿。圆形殿堂，反映了游牧民族所习惯的穹庐型帐篷——毡包的造型。主殿以北是内宫。宫殿区正南 200 米处，为“承天门”，尚存基址和雕刻。门外中轴大街，将城市分为东、西两区。

## 2 辽南京的宫殿

《辽史·地理志》载南京（燕京）城的皇宫情况

是："燕京大内在西南隅，皇城内有景宗、圣宗御容殿二：东曰'宣和'，南曰'大内'。内门曰'宣教'，改'元和'；外三门曰'南端'、'左掖'、'右掖'，左掖改'万春'，右掖改'千秋'。门有楼阁，球场在其南，东为永平馆。皇城西门曰'显西'，设而不开；北曰'子北'。西城颠有'凉殿'，东北隅有'燕角楼'"。皇城里还有于越王庙、清凉殿、嘉宁殿、五花楼、五凤楼、迎月楼、凤凰门、昭庆殿、乾文阁、九层台、天膳堂、游仙殿、仁政殿等。

## 3 金上京的宫殿

金上京城内，由一道东西横墙将城市分为南北两部分。横墙中部偏东开有一门；横墙南部西北隅地势高平，这里建有560米见方的宫城，宫城后墙就利用了城市的横隔墙。宫城南面正门与城市南门相对，宫门前左右有高台观，既是礼仪双阙，又是军事设施。

宫城南面正门有三个门道，进宫门沿向北的长甬道两侧为东、西廊庑；甬道通向正面一殿门。进殿门，正面一座大殿，通面阔约150米，进深约50米。大殿北面有和正殿规模相等的一殿，殿后为"工"字形殿堂。"工"字殿位于宫城中央，为宫城主殿，显然是效仿宋东京的宫殿形制。"工"字殿东西有墙，将宫城分为前南北两区：南部"前朝"，北部"后寝"。"工"字殿以北中轴线上还有南北排列的三座宫殿，东西两侧仍有廊庑。以上是宫城中路；另外还有与中路差不多宽度的东、西两路宫殿。东、西路殿堂各有四进。所有宫殿都敷黄、绿琉璃瓦或琉璃剪边。金上京的宫殿仿宋宫，只是具体而微。正像《大金国志》所说：宫殿“规模曾仿汴京，然十之二三而已”。

## 金中都的宫殿

金贞元元年（1153 年）改燕京为中都大兴府。在中都宫殿建设之前，先派画工到北宋东京绘制宫殿建筑图样，然后按照这些图来建造宫殿。

皇城在中都的中央，南面宣阳门外有龙津桥，过桥大道直通中都城的南面的丰宜门。皇城宣阳门里左有文楼，右有武楼，两侧并有千步廊各 250 余间。直北为宫城正门——应天门。东廊外，北有太庙，南为球场；西廊外，北为吏、户、礼、兵、刑、工六部，南为三省。东西千步廊外偏南，分别有西夏馆和会同馆等，并各有民房杂处其间。

宫城应天门内 800 米处是正朝的大安殿，也就是举行皇帝登基、元旦、万寿节（皇帝生日）等大典的地方。后面是仁政殿，是常朝使用的殿堂。东面是太后宫、太子东宫和东苑；西面为后、妃居住的寝宫。宫城中轴线正对天宁寺塔（完好保存至今，位于现在北京市西南部）。

中都的宫城前有大朝大安殿和后有日朝仁政殿两座主殿，并没有按照隋、唐以降的外朝三大殿制度，后来的元大都宫殿也与此类似。

## 5 元大都的宫殿

大都城是按照《周礼》“面朝、后市、左祖、右社”的布局来规划建设的：皇城在城市中轴线的南部；城北为商业集市区；皇城左面——东城，齐化门内有太庙；右面——西城，平则门内有社稷坛。宫城（大内）在皇城内中轴线的南部，北部为御苑，其西部为太液池园林区，池西南是太后居住的西御苑和隆福宫；北部是太子居住的兴圣宫；宫门前，东有佛教的宏仁寺，西有道教的玄都胜境。这种在宫前对称布置宗教建筑，是大都宫殿规划的一个特殊处理。

皇城南区的正门是“棂星门”，门内金水河上有三座石桥，叫做“周桥”；门外是向南直抵都城正门“丽正门”的御街；街两侧为长达七百步的“千步廊”，向南连接成楼，这和宋东京及金中都皇城前的布局相似。周桥栏板是用明莹光洁的汉白玉雕刻龙凤祥云；桥旁为“郁郁万株”柳林，元代诗人有“梦柳青青白玉桥”诗句，描写的就是这里。宫城四面辟门，南面正门叫“崇天门”，是五凤楼的形式，其东有“星拱门”，西有“云从门”；东、西宫墙上分别开有“东华门”和“西华门”；北为厚载门。宫城四角设三层的角楼，为琉璃瓦屋盖。

崇天门内有大明门，门内正殿即大明殿。门左右有“日精”、“月华”两门。大明殿北为后宫“延春阁”。大明殿后有过厅连接一寝殿，形成“工”字殿形式。延春阁为两层楼，下层称“延春堂”，上层称“延春阁”。它也有过厅连接寝殿，也是“工”字殿形。前后殿周围各有百余间廊庑环绕成独立庭院，两庭内寝殿东、西各有小殿。

前朝大明殿落成于至元十年（1273 年）。殿为三重台基，都是用汉白玉雕栏围护，相对每根栏杆望柱下，都出石刻螭首，相当壮观。元世祖忽必烈为教育后世子孙，当上中国皇帝后勿忘大漠祖籍及创业的艰难，并为此专门在殿前月台上做成了一个栏杆围成的沙坑，里面种植从沙漠里移来的莎草。有诗为证：“黑河万里连沙漠，世祖深思创业难；数尺栏杆护春草，丹墀留与子孙看。”《辍耕录·宫阙制度》描写了大明殿内情景：中间设有七宝云龙御榻、白盖金缕褥，榻上安置皇帝、皇后两个座位。帝、后并坐，接受百官朝拜，这是蒙古首领的传统的礼节，这和汉族宫廷仪礼的只设皇帝宝座不同。御榻前，设有自动报时的七宝灯漏、酒瓮和乐器。后庭中的延春阁是举行宴会的地方，佛、道法会也常在这里举行。延春阁后还有规模较小的清宁宫，宫城后门即厚载门上建有高阁，阁前有舞台，皇帝常在阁上观看舞台上的演出。东、西六宫在延春阁两侧。后宫西边隔金水河有玉德殿，殿里有佛堂，也是皇帝处理政务的办公室。

大明殿和延春阁两组宫殿之间有一条横街连通东华门和西华门，元中期以后，每年正月十五都在这条街上布置灯山，“结绮为山，树灯其上；盛陈百戏，以为娱乐”。元大都的其他宫殿也都是一个庭院里有前后两座殿堂，每座都是前殿供朝会、后殿供居住，中间连以过厅的“工”字形平面，殿后往往建有香阁。

大都宫殿所用材料十分讲究，例如紫檀木、金丝楠木、各色琉璃、陶瓷等；装饰也很华丽，呈现出蒙古族的特色，兼有藏传佛教和伊斯兰教的趣味。与现在藏传佛教寺庙殿堂一样，主要殿堂都用方柱，涂红漆，上面绘金龙彩画。墙上挂毡毯、皮毛和丝绸帷幕等；壁画、雕刻多为藏密题材。蒙古族由于多用羊毛毡，所以喜欢白色，因而有白瓷瓦屋顶的宫殿，非常有特色（甚至还做成蒙古包形的圆殿）；还有一些平顶的“盝顶殿”和畏吾尔（维吾尔）殿，颇具民族特色。当时意大利旅行家马可·波罗在他所著的《马可波罗行记》中描述大都宫殿说：“此宫之大，向所未见……宫墙及房屋，满涂金、银，并绘龙、兽、鸟、骑士形象及其他数物于其上”；“大殿宽广，房屋之多，可谓奇观……顶上之瓦皆红、黄、绿、蓝及其他诸色，上涂以釉，光泽灿烂，犹如水晶”。认为“天上之清都，海上之蓬莱”所不及。马可·波罗是周游世界的见多识广的人，他这样赞誉大都宫殿，可知其规模和豪华是举世罕见的。

# 十七 硕果仅存的明、清宫殿

在元末农民起义的浪潮中，蒙元帝国瓦解。1368 年朱元璋推翻了元朝建立了明朝，定都于“南京应天府”（今江苏省南京市），以开封为“北京”。1369 年朱元璋下诏以他的家乡临濠（今安徽省凤阳市）为“中都”，建设宫阙。1378 年改南京为“京师”，取消“北京”的称号。朱元璋死后，因其长子早逝，遂以长孙朱允汶即皇帝位，是为建文皇帝（惠帝）。1403 年，朱元璋的第四个儿子燕王朱棣以“清君侧”为名出兵南京，建文皇帝“不知所终”，朱棣即位，是为明成祖。成祖永乐元年（1403 年）迁都到他做燕王时的封地北平（元大都城），定名“北京顺天府”。永乐五年（1407 年）起，集中全国的高级工匠，征调民工和军工二三十万人，改造大都城，并在拆毁的元朝宫殿废址上建设新宫。永乐十八年新宫建成，翌年成祖进驻北京。1644 年明亡于闯王李自成起义军，李在北京建立“大顺”朝。明将吴三桂借关外的满洲族建立的“后金”（后改为“清”）军队协助讨伐李自成，李自成在北京仅十余日，在即大顺皇帝位的次日便由平则

（阜成）门撤离北京，向西北逃遁。后金军队占领北京。后金的第三代统治者爱新觉罗·福临在北京称帝，即顺治皇帝，史称“清世祖”，改国号叫“清”。中国历史上历次改朝换代绝大多数都是焚毁宫殿，新朝另建新宫，这次闯王进京及清朝取代明朝，都对北京宫殿毁坏不多，基本上是全盘接收北京皇宫，为己所用。

## 1 明南京的宫殿

南京为六朝时的建康，元朝时称“集庆路”。朱元璋于元末（1356 年）占领集庆路，改名“应天府”，建国后以此作为国都，称“南京”。

1366 年改造南京城的工程完成，建宫殿于钟山南麓，并建太庙及社稷坛。皇城偏居南京城的东南，宫城在皇城中间。皇城前沿有以朱元璋年号命名的“洪武门”，门内为御街千步廊，御街北端连五龙桥为皇城正门——承天门；门内有端门，再进为宫城正门——午门。端、午门之间左右两面布置太庙和社稷坛。

宫城午门内，东宫墙有东安门，西宫墙有西安门，分别向东、西直对外围皇城的东华、西华二门。午门内还有五龙桥，过桥正面中轴线一路为奉天门、奉天殿、华盖殿、谨身殿，都是两庑并列。奉天殿为前朝正殿，左有文华殿，为东宫（太子）视事之所；右有武英殿，为皇帝斋戒时的住处。后面乾清宫、省躬殿、坤宁宫，都是寝宫；嫔妃所居的六宫，则按顺序排列。中轴线上的北宫门称“北安门”，再北是皇城北门，叫

"玄武门"。

明南京宫殿被清朝拆毁，现在仅留有午门、五龙桥等遗迹。

## 2 未完成的杰作——明中都的宫殿

朱元璋当上皇帝以后，产生了像楚霸王项羽一样的想法：不在家乡父老乡亲面前显示自己做皇帝的权威和荣华富贵，就如同"锦衣夜行"一样，一定要在家乡盖宫殿、坐天下。洪武二年（1369 年），他说他的老家临濠（今安徽省凤阳市）前有长江后有淮河，打仗时有据以防御的天险，平时则有交通运输的便利。他命令朝廷主管部门在他家乡建设像南京一样的城池、宫殿，并定为"中都"。营造中都城池、宫殿的工程，自洪武二年九月开始，征集百工技艺 9 万人、军士 7 万人、役夫 40 余万人以及罪犯数万人，并从全国选征上好的木料等建筑材料；为筑社稷坛，命令工部在全国东、西、南、北、中五方运五色土到中都筑坛。中都宫殿按照南京宫殿制度，由于是平坦的建设地段，所以规划布局更为整齐合理。按照传统制度，内为宫城，外围还有皇城。皇城周长 3 公里，四面辟门，南面正门叫"承天门"，东、西分别为"东安门"和"西安门"，北为"北安门"。承天门向南直对"大明门"。宫城正门为"午门"，东、西为"东华门"和"西华门"，北为"玄武门"。

中都宫殿建筑工艺十分精致，石雕、砖雕花纹，五彩缤纷的琉璃瓦等仍具有宋代遗风，但特别之处是带有民间趣味。这主要是蒙古族建立的元朝有些隔断了汉唐至宋以来的宫廷艺术的传统。而后来建造的北京宫殿则是十足的宫廷风格了。

“中都”不具备经济、政治基础，终于在1375年下诏“罢建中都役作”，接着于洪武十六年（1383年），拆取中都宫殿的材料，建龙兴寺；后来明朝历代又有多次拆取中都宫殿的建筑构件、材料移作他用。据《中都志》记载，至明成化年间，中都宫殿已经是残破的遗址了。

建设南京和中都宫殿的匠人是元朝遗民，一些建筑式样和工程做法许多仍是元朝所流行的。但等到建设北京的宫殿时，则已形成明朝自己的风格了。

## 3 世界现存最宏伟的宫殿群落——明、清北京紫禁城

北京现存的宫殿“紫禁城”是明朝创建的工程，清朝继续使用，有局部的改建和扩建，遗留至今保存基本完好，体现出规划布局和殿宇的完整、伟大、庄严。它不仅是中国硕果仅存的古代宫殿实例，而且也是全世界规模最大、保存最好的宫殿群落之一，是全人类珍贵的文化遗产（见图50）。

紫禁城（宫城）位于皇城的中部，皇城又位于北京内城的中央。宫殿单体建筑形制方面，承袭五千年的传统而进一步地制度化。明、清宫廷建筑工程做法

图 50 北京明、清紫禁城鸟瞰

略有不同，清式按政府颁布的工部《工程做法则例》，自成风格。现在紫禁城许多宫廷建筑都是清朝重建的了，在整体造型的比例和大木做法上体现了“则例”的规定。这里重点介绍几座单体建筑，为了和现存实物匾额一致，我们用清朝的名称。

天安门建于明永乐十八年（1421 年），明末城楼毁于兵火，清顺治八年（1651 年）重建。现存的天安门城楼，在 20 世纪 70 年代被“四人帮”拆除，用进口木材重新建造，基本按原式样，但加高了 1 米左右；金龙和玺彩画改为向日葵图案，现已复原。作为皇城正门，其 10 多米高的城门墩台，与土红色皇城缭垣一致，也是土红色。城门并列 5 个门道。城楼原来高达 33.7 米，通面阔 9 间，进深 5 间，以体现“九五之尊”。按照传统，屋盖的至尊式样为“四阿重屋”，清朝称“重檐庑殿顶”；次一等的为“并厦两头造”的

“九脊式”，清朝称“歇山顶”。天安门便是比至尊的大殿低一级的黄琉璃瓦重檐歇山式屋盖。天安门前有金水河、桥、石狮、华表等陪衬，成为一个统一的群组，从而更显示出天子之家的排场。

天安门的主要功能是皇帝登基、立后等大典时，在这座城楼降诏；新科进士在天安门前恭候“金殿传胪”——召唤去觐见皇帝。门前东、西144间的千步廊中，安排吏部执行“月选”，兵部“官掣”（选拔官吏），礼部“磨勘”（复核乡试），刑部“秋审”（农历八月中审理各省呈报的死刑案犯）、“朝审”（霜降前会审在京死囚）。

午门建于明永乐十八年（1420年），嘉靖、万历时两次失火，天启七年（1627年）修复，清朝又几经修葺。它作为宫城正门，按照传统采取“五凤楼”形制。“凹”字形墩台，中间3个门道，南面保持古制做成象征性的木过梁方门洞式样，实际内部及北立面都是砖拱券形式。左右各有一掖门，共有5个门道。城楼是黄琉璃瓦重檐庑殿顶，殿身面阔9间、进身3间外加廊共5间。门楼略高于天安门。城楼两侧有廊庑连接的重檐四角攒尖顶的朵楼（钟、鼓楼）和前端左右对峙的同样形式的阙楼（见图51）。明朝每年正月十五在午门张灯结彩，皇帝赐宴群臣，同时允许平民百姓前来观灯。清朝取消了元宵节午门楼赐宴和午门前这种观灯“与百姓同乐”的开放活动。

午门外东、西两庑各42间，原为中书科及六部九

图 51 明、清北京紫禁城午门

科朝房。东庑为吏科、户科和礼科公署，西庑为中书科、兵科、刑科和工科公署。

午门是皇帝每年冬至颁布翌年历书的地方；遇有大朝，午门钟鼓齐鸣；遇有战争获胜，在这里举行凯旋献俘典礼。明朝皇帝对国家重臣极为粗暴，若有触犯，时常在午门前予以廷杖长跪的处罚，年老、体弱的大臣常常因此致死。

紫禁城的东、西、北门也都是黄琉璃瓦重檐庑殿顶的城楼。城墙四角的角楼都是黄琉璃瓦 3 檐、72 脊屋盖，造型十分精巧华丽（见图 52）。

太和殿作为宫城至尊的主体殿堂，是紫禁城中最大的建筑（见图 53）。大殿以 3 层汉白玉台基（须弥座）承托，顶覆黄琉璃瓦重檐庑殿（四阿重屋）屋盖，总高有 37. 44 米，比北京城南面的正阳门城楼还高出 1 米多。殿身面阔 11 间、进深 5 间，面积达 2377 平方米。按传统，它是举行登基，册立皇后、太子，庆祝元旦、冬至等大典的地方，明朝元旦赐宴群臣和进士殿试的地点也在这里。太和殿后，有中和殿

图 52　北京紫禁城角楼

图 53　北京明、清紫禁城太和殿

和保和殿，共称“三大殿”。三大殿后的内廷为“内三殿”，也是在一个“工”字形台基上。前面设主殿，是皇帝的寝宫“乾清宫”，为9间面阔，也作重檐庑殿顶。清雍正皇帝时将寝宫移至养心殿后，这里成为皇帝日常召见近臣处理公务和接见外国使节的地方；节日也在这里举行内朝仪礼及赐宴。后面的坤宁宫是明朝和清初皇后的寝宫，也是9间、重檐庑殿顶。清朝主殿内的西厢改作萨满教的祭祀场所，东厢作为皇帝结婚的洞房。中间交泰殿是重要节日皇后接受朝贺的地方。

坤宁宫以北是御花园；再后便是紫禁城的后门“神武门”了。神武门正对50米高的景山，景山上建有5座亭式佛殿，正中称“万春亭”，站在这里俯瞰紫禁城，一片金光闪烁的黄琉璃瓦屋顶，高低错落，主次分明，十分庄严、宏伟，它被北京城一片绿树丛中点置的灰色民房所衬托，越发显示出天子宫城作为中心的至尊和权威。

## 4 满汉合璧的“帐篷型”殿堂组合——后金时期关外奉天（盛京）的宫殿

满清入关前，清太祖努尔哈赤和太宗皇太极两代君主，从入主中原一统中国的宏伟目标出发，艰苦奋斗，改变游牧习俗，学习汉文化，并在盛京（今辽宁省沈阳市）建造宫殿。宫殿工程自天命十年（1625

年）至崇德二年（1638年），历时13年基本完成。崇德八年太宗逝世，世祖即位，于顺治元年（1644年）八月迁都北京。从此，奉天的宫殿便闲置不用了。自清圣祖康熙皇帝回老家奉天巡幸并到太祖的东陵和北陵祭祖后，后来清朝各代皇帝都要去巡幸奉天和祭祖，并成为定制。康熙、雍正、乾隆、嘉庆、道光5代约160年间，皇帝共到关外12次。皇帝到奉天时，皇宫就又有用了。皇帝住清宁宫，理政于崇政殿。因此，奉天宫殿常有整修，今天我们所看到的情况，是乾隆时（1736～1795年）所形成的面貌（见图54）。

清初奉天宫殿虽然参考了汉族宫殿布局的基本原则和建筑做法，但仍保持了满族的习俗特色。这座保存至今基本完好的宫殿，为我们提供了一种满、汉融汇的特殊的宫殿实例。

按照建造次序，奉天宫殿大体可分为三部分。

东部最早，努尔哈赤时期（1616～1626年）所建的大政殿、十王亭一组，最有满洲游牧民族的特色。这里作为朝廷主殿的“大政殿”，没有采取至尊的三重台基烘托的重檐庑殿顶大殿形式，而是造了一座接近游牧帐篷造型的重檐八角攒尖顶大亭子作为朝廷正殿（见图55）。在它的两翼，东、西各5座歇山顶的小殿向南雁翅排开，这就是所谓的“十王亭”。按诸王等级从距大政殿最近处排列起，右一地位最高，是“右翼王亭”，依次是左一的“左翼王亭”；右二是“正黄旗亭”，左二是“镶黄旗亭”；右三是“正红旗亭”，左

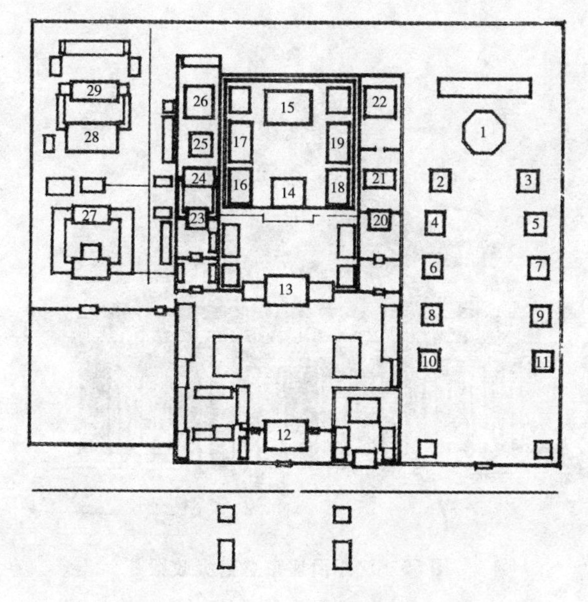


**图 54　奉天（盛京）清宫总平面图**

1－大政殿　2－右翼王亭　3－左翼王亭　4－正黄旗亭
5－镶黄旗亭　6－正红旗亭　7－正白旗亭　8－镶红旗亭
9－镶白旗亭　10－镶蓝旗亭　11－正蓝旗亭　12－大清门
13－崇政殿　14－凤凰楼　15－清宁宫　16－衍庆宫
17－麟趾宫　18－永福宫　19－关雎宫　20－颐和殿
21－介祉宫　22－敬典阁　23－迪光殿　24－保极宫
25－继恩斋　26－宗谟阁　27－嘉荫堂　28－文溯阁
29－仰熙斋

三是“正白旗亭”；右四是“镶红旗亭”，左四是“镶白旗亭”；右五是“镶蓝旗亭”，左五是“正蓝旗亭”。最前方左右各有一奏乐亭。

清入关前的奉天（盛京）宫殿，与明朝北京紫禁城宫殿相比，无论在规模上还是建筑艺术水准上，显然不可同日而语。然而，奉天清宫以一个北方游牧民族汉化初期的宫廷形制而丰富了祖国建筑历史。

图 55　沈阳清盛京皇宫大政殿

# 《中国史话》总目录

| 系列名 | 序号 | 书名 | 作者 |
| --- | --- | --- | --- |
| 物质文明系列（10种） | 1 | 农业科技史话 | 李根蟠 |
| | 2 | 水利史话 | 郭松义 |
| | 3 | 蚕桑丝绸史话 | 刘克祥 |
| | 4 | 棉麻纺织史话 | 刘克祥 |
| | 5 | 火器史话 | 王育成 |
| | 6 | 造纸史话 | 张大伟　曹江红 |
| | 7 | 印刷史话 | 罗仲辉 |
| | 8 | 矿冶史话 | 唐际根 |
| | 9 | 医学史话 | 朱建平　黄　健 |
| | 10 | 计量史话 | 关增建 |
| 物化历史系列（28种） | 11 | 长江史话 | 卫家雄　华林甫 |
| | 12 | 黄河史话 | 辛德勇 |
| | 13 | 运河史话 | 付崇兰 |
| | 14 | 长城史话 | 叶小燕 |
| | 15 | 城市史话 | 付崇兰 |
| | 16 | 七大古都史话 | 李遇春　陈良伟 |
| | 17 | 民居建筑史话 | 白云翔 |
| | 18 | 宫殿建筑史话 | 杨鸿勋 |
| | 19 | 故宫史话 | 姜舜源 |
| | 20 | 园林史话 | 杨鸿勋 |
| | 21 | 圆明园史话 | 吴伯娅 |
| | 22 | 石窟寺史话 | 常　青 |
| | 23 | 古塔史话 | 刘祚臣 |
| | 24 | 寺观史话 | 陈可畏 |

| 系列名 | 序号 | 书名 | 作者 |
| --- | --- | --- | --- |
| 物化历史系列（28种） | 25 | 陵寝史话 | 刘庆柱　李毓芳 |
| | 26 | 敦煌史话 | 杨宝玉 |
| | 27 | 孔庙史话 | 曲英杰 |
| | 28 | 甲骨文史话 | 张利军 |
| | 29 | 金文史话 | 杜　勇　周宝宏 |
| | 30 | 石器史话 | 李宗山 |
| | 31 | 石刻史话 | 赵　超 |
| | 32 | 古玉史话 | 卢兆荫 |
| | 33 | 青铜器史话 | 曹淑琴　殷玮璋 |
| | 34 | 简牍史话 | 王子今　赵宠亮 |
| | 35 | 陶瓷史话 | 谢端琚　马文宽 |
| | 36 | 玻璃器史话 | 安家瑶 |
| | 37 | 家具史话 | 李宗山 |
| | 38 | 文房四宝史话 | 李雪梅　安久亮 |
| 制度、名物与史事沿革系列（20种） | 39 | 中国早期国家史话 | 王　和 |
| | 40 | 中华民族史话 | 陈琳国　陈　群 |
| | 41 | 官制史话 | 谢保成 |
| | 42 | 宰相史话 | 刘晖春 |
| | 43 | 监察史话 | 王　正 |
| | 44 | 科举史话 | 李尚英 |
| | 45 | 状元史话 | 宋元强 |
| | 46 | 学校史话 | 樊克政 |
| | 47 | 书院史话 | 樊克政 |
| | 48 | 赋役制度史话 | 徐东升 |

| 系列名 | 序号 | 书名 | 作者 |
|---|---|---|---|
| 制度、名物与史事沿革系列（20种） | 49 | 军制史话 | 刘昭祥　王晓卫 |
| | 50 | 兵器史话 | 杨　毅　杨　泓 |
| | 51 | 名战史话 | 黄朴民 |
| | 52 | 屯田史话 | 张印栋 |
| | 53 | 商业史话 | 吴　慧 |
| | 54 | 货币史话 | 刘精诚　李祖德 |
| | 55 | 宫廷政治史话 | 任士英 |
| | 56 | 变法史话 | 王子今 |
| | 57 | 和亲史话 | 宋　超 |
| | 58 | 海疆开发史话 | 安　京 |
| 交通与交流系列（13种） | 59 | 丝绸之路史话 | 孟凡人 |
| | 60 | 海上丝路史话 | 杜　瑜 |
| | 61 | 漕运史话 | 江太新　苏金玉 |
| | 62 | 驿道史话 | 王子今 |
| | 63 | 旅行史话 | 黄石林 |
| | 64 | 航海史话 | 王　杰　李宝民　王　莉 |
| | 65 | 交通工具史话 | 郑若葵 |
| | 66 | 中西交流史话 | 张国刚 |
| | 67 | 满汉文化交流史话 | 定宜庄 |
| | 68 | 汉藏文化交流史话 | 刘　忠 |
| | 69 | 蒙藏文化交流史话 | 丁守璞　杨恩洪 |
| | 70 | 中日文化交流史话 | 冯佐哲 |
| | 71 | 中国阿拉伯文化交流史话 | 宋　岘 |

| 系列名 | 序号 | 书名 | 作者 |
| --- | --- | --- | --- |
| 思想学术系列（21种） | 72 | 文明起源史话 | 杜金鹏　焦天龙 |
| | 73 | 汉字史话 | 郭小武 |
| | 74 | 天文学史话 | 冯　时 |
| | 75 | 地理学史话 | 杜　瑜 |
| | 76 | 儒家史话 | 孙开泰 |
| | 77 | 法家史话 | 孙开泰 |
| | 78 | 兵家史话 | 王晓卫 |
| | 79 | 玄学史话 | 张齐明 |
| | 80 | 道教史话 | 王　卡 |
| | 81 | 佛教史话 | 魏道儒 |
| | 82 | 中国基督教史话 | 王美秀 |
| | 83 | 民间信仰史话 | 侯　杰　王小蕾 |
| | 84 | 训诂学史话 | 周信炎 |
| | 85 | 帛书史话 | 陈松长 |
| | 86 | 四书五经史话 | 黄鸿春 |
| | 87 | 史学史话 | 谢保成 |
| | 88 | 哲学史话 | 谷　方 |
| | 89 | 方志史话 | 卫家雄 |
| | 90 | 考古学史话 | 朱乃诚 |
| | 91 | 物理学史话 | 王　冰 |
| | 92 | 地图史话 | 朱玲玲 |

| 系列名 | 序号 | 书名 | 作者 |
|---|---|---|---|
| 文学艺术系列（8种） | 93 | 书法史话 | 朱守道 |
| | 94 | 绘画史话 | 李福顺 |
| | 95 | 诗歌史话 | 陶文鹏 |
| | 96 | 散文史话 | 郑永晓 |
| | 97 | 音韵史话 | 张惠英 |
| | 98 | 戏曲史话 | 王卫民 |
| | 99 | 小说史话 | 周中明　吴家荣 |
| | 100 | 杂技史话 | 崔乐泉 |
| 社会风俗系列（13种） | 101 | 宗族史话 | 冯尔康　阎爱民 |
| | 102 | 家庭史话 | 张国刚 |
| | 103 | 婚姻史话 | 张　涛　项永琴 |
| | 104 | 礼俗史话 | 王贵民 |
| | 105 | 节俗史话 | 韩养民　郭兴文 |
| | 106 | 饮食史话 | 王仁湘 |
| | 107 | 饮茶史话 | 王仁湘　杨焕新 |
| | 108 | 饮酒史话 | 袁立泽 |
| | 109 | 服饰史话 | 赵连赏 |
| | 110 | 体育史话 | 崔乐泉 |
| | 111 | 养生史话 | 罗时铭 |
| | 112 | 收藏史话 | 李雪梅 |
| | 113 | 丧葬史话 | 张捷夫 |

| 系列名 | 序号 | 书名 | 作者 |
| --- | --- | --- | --- |
| 近代政治史系列（28种） | 114 | 鸦片战争史话 | 朱谐汉 |
| | 115 | 太平天国史话 | 张远鹏 |
| | 116 | 洋务运动史话 | 丁贤俊 |
| | 117 | 甲午战争史话 | 寇　伟 |
| | 118 | 戊戌维新运动史话 | 刘悦斌 |
| | 119 | 义和团史话 | 卞修跃 |
| | 120 | 辛亥革命史话 | 张海鹏　邓红洲 |
| | 121 | 五四运动史话 | 常丕军 |
| | 122 | 北洋政府史话 | 潘　荣　魏又行 |
| | 123 | 国民政府史话 | 郑则民 |
| | 124 | 十年内战史话 | 贾　维 |
| | 125 | 中华苏维埃史话 | 杨丽琼　刘　强 |
| | 126 | 西安事变史话 | 李义彬 |
| | 127 | 抗日战争史话 | 荣维木 |
| | 128 | 陕甘宁边区政府史话 | 刘东社　刘全娥 |
| | 129 | 解放战争史话 | 朱宗震　汪朝光 |
| | 130 | 革命根据地史话 | 马洪武　王明生 |
| | 131 | 中国人民解放军史话 | 荣维木 |
| | 132 | 宪政史话 | 徐辉琪　付建成 |
| | 133 | 工人运动史话 | 唐玉良　高爱娣 |
| | 134 | 农民运动史话 | 方之光　龚　云 |
| | 135 | 青年运动史话 | 郭贵儒 |
| | 136 | 妇女运动史话 | 刘　红　刘光永 |
| | 137 | 土地改革史话 | 董志凯　陈廷煊 |
| | 138 | 买办史话 | 潘君祥　顾柏荣 |
| | 139 | 四大家族史话 | 江绍贞 |
| | 140 | 汪伪政权史话 | 闻少华 |
| | 141 | 伪满洲国史话 | 齐福霖 |

| 系列名 | 序号 | 书名 | 作者 |
| --- | --- | --- | --- |
| 近代经济生活系列（17种） | 142 | 人口史话 | 姜　涛 |
| | 143 | 禁烟史话 | 王宏斌 |
| | 144 | 海关史话 | 陈霞飞　蔡渭洲 |
| | 145 | 铁路史话 | 龚　云 |
| | 146 | 矿业史话 | 纪　辛 |
| | 147 | 航运史话 | 张后铨 |
| | 148 | 邮政史话 | 修晓波 |
| | 149 | 金融史话 | 陈争平 |
| | 150 | 通货膨胀史话 | 郑起东 |
| | 151 | 外债史话 | 陈争平 |
| | 152 | 商会史话 | 虞和平 |
| | 153 | 农业改进史话 | 章　楷 |
| | 154 | 民族工业发展史话 | 徐建生 |
| | 155 | 灾荒史话 | 刘仰东　夏明方 |
| | 156 | 流民史话 | 池子华 |
| | 157 | 秘密社会史话 | 刘才赋 |
| | 158 | 旗人史话 | 刘小萌 |
| 近代中外关系系列（13种） | 159 | 西洋器物传入中国史话 | 隋元芬 |
| | 160 | 中外不平等条约史话 | 李育民 |
| | 161 | 开埠史话 | 杜　语 |
| | 162 | 教案史话 | 夏春涛 |
| | 163 | 中英关系史话 | 孙　庆 |

| 系列名 | 序号 | 书名 | 作者 |
| --- | --- | --- | --- |
| 近代中外关系系列（13种） | 164 | 中法关系史话 | 葛夫平 |
| | 165 | 中德关系史话 | 杜继东 |
| | 166 | 中日关系史话 | 王建朗 |
| | 167 | 中美关系史话 | 陶文钊 |
| | 168 | 中俄关系史话 | 薛衔天 |
| | 169 | 中苏关系史话 | 黄纪莲 |
| | 170 | 华侨史话 | 陈　民　任贵祥 |
| | 171 | 华工史话 | 董丛林 |
| 近代精神文化系列（18种） | 172 | 政治思想史话 | 朱志敏 |
| | 173 | 伦理道德史话 | 马　勇 |
| | 174 | 启蒙思潮史话 | 彭平一 |
| | 175 | 三民主义史话 | 贺　渊 |
| | 176 | 社会主义思潮史话 | 张　武　张艳国　喻承久 |
| | 177 | 无政府主义思潮史话 | 汤庭芬 |
| | 178 | 教育史话 | 朱从兵 |
| | 179 | 大学史话 | 金以林 |
| | 180 | 留学史话 | 刘志强　张学继 |
| | 181 | 法制史话 | 李　力 |
| | 182 | 报刊史话 | 李仲明 |
| | 183 | 出版史话 | 刘俐娜 |
| | 184 | 科学技术史话 | 姜　超 |

| 系列名 | 序号 | 书名 | 作者 |
| --- | --- | --- | --- |
| 近代精神文化系列（18种） | 185 | 翻译史话 | 王晓丹 |
| | 186 | 美术史话 | 龚产兴 |
| | 187 | 音乐史话 | 梁茂春 |
| | 188 | 电影史话 | 孙立峰 |
| | 189 | 话剧史话 | 梁淑安 |
| 近代区域文化系列（11种） | 190 | 北京史话 | 果鸿孝 |
| | 191 | 上海史话 | 马学强　宋钻友 |
| | 192 | 天津史话 | 罗澍伟 |
| | 193 | 广州史话 | 张　苹　张　磊 |
| | 194 | 武汉史话 | 皮明庥　郑自来 |
| | 195 | 重庆史话 | 隗瀛涛　沈松平 |
| | 196 | 新疆史话 | 王建民 |
| | 197 | 西藏史话 | 徐志民 |
| | 198 | 香港史话 | 刘蜀永 |
| | 199 | 澳门史话 | 邓开颂　陆晓敏　杨仁飞 |
| | 200 | 台湾史话 | 程朝云 |

## 《中国史话》主要编辑<br>出版发行人